主动学习视域下的工程伦理教学

唐潇风 著

清华大学出版社
北京

内容简介

随着工程伦理教学在我国高校的普及，教师对于工程伦理的课程设计方法、教学策略和教学素材的需求日益强烈。本书是面向"工程伦理"课程教师的工具书，基于主动学习的理念，结合教育学研究成果和作者在"本、硕、博"层次的工程伦理教学经验。本书介绍了工程伦理课程的设计原则和方法，并通过大量课堂活动和教学案例的分享，协助教师在伦理学概念和分析方法、工程伦理的职业属性、基于工程活动的"伦理实践"等领域规划和开展教学。

本书旨在服务工程伦理课程开发人员和授课教师等读者，也为研究工程伦理教育的学者和关注工程实践的伦理意义的学生和工程技术人员提供参考。

版权所有，侵权必究。举报：010-62782989，beiqinquan@tup.tsinghua.edu.cn。

图书在版编目 (CIP) 数据

主动学习视域下的工程伦理教学 / 唐潇风著. -- 北京：清华大学出版社, 2025.6.
ISBN 978-7-302-69694-0
Ⅰ. B82-057
中国国家版本馆CIP数据核字第2025CT1295号

责任编辑：刘　杨
封面设计：钟　达
责任校对：薄军霞
责任印制：刘　菲

出版发行：清华大学出版社
　　网　　址：https://www.tup.com.cn, https://www.wqxuetang.com
　　地　　址：北京清华大学学研大厦A座　　邮　　编：100084
　　社 总 机：010-83470000　　邮　　购：010-62786544
　　投稿与读者服务：010-62776969, c-service@tup.tsinghua.edu.cn
　　质量反馈：010-62772015, zhiliang@tup.tsinghua.edu.cn
印 装 者：三河市东方印刷有限公司
经　　销：全国新华书店
开　　本：170mm×240mm　　印　　张：10.25　　字　　数：151千字
版　　次：2025年6月第1版　　印　　次：2025年6月第1次印刷
定　　价：45.00元

产品编号：111049-01

序

进入 21 世纪以来，新科技和产业革命快速推进，人类社会数字化、智能化转型迅猛发展，工程技术不仅呈现出新的形态，而且以前所未有的速度推动经济发展和社会变革。然而，工程技术的飞跃不应掩盖对工程伦理的深刻思考与实践。面对未来社会复杂多变的挑战，我们迫切需要培养一大批负责任、有创新精神、有社会担当的卓越工程师。这些卓越工程师不仅需要具备扎实的专业知识和技能，更需拥有高尚的伦理情操和坚定的伦理判断力，以在复杂的工程实践中做出正确的决策，促进人类福祉与社会和谐。

培养当代卓越工程师，必须改变以往教师提供知识、学生被动接受的教育模式，迫切需要激发学生在学习新知识、探索新技能、塑造新理念过程中的主动精神和主体意识。主动学习，作为一种以学生为中心的教学理念，强调学生在知识建构过程中的主体地位，鼓励学生通过主动的、生动的学习活动将所学知识应用于实际问题解决中。工程伦理在强调遵循既有的伦理原则和行为规范的同时，更倡导面向迅速变化的工程技术和特殊的工程场景的实践智慧，因此，在工程伦理教育中，主动学习尤为重要。它不仅能够帮助学生深入理解伦理原则与规范，还能促使学生在实践中锤炼伦理判断力，形成坚定的伦理信念。通过主动学习，学生能够更好地将工程伦理知识内化于心、外化于行，更有效地提升工程伦理素养。

唐潇风博士从事工程伦理研究和教学十余年，对当代工程伦理面临的新问题、新挑战有深刻理解和系统研究，对工程伦理教学有深入思考和长期实践探索，在此基础上，撰写了融研究与教学于一体的著作《主动学习视域下的工程伦理教学》，对促进工程伦理教育理念和教学模式的转变有重要意义。

该书致力于探索和实践工程伦理的主动学习路径，试图为工程教育者和学习者提供一套系统、实用的教学指南。全书分为上、中、下三篇，全面涵盖工程伦理的教学设计、伦理探究与助力伦理的工程实践。上篇"工程伦理教学设计"从课程学习目标、教学活动和学习评价三个方面入手，详细阐述了如何构建一套科学、系统的工程伦理教学体系。通过引入"大石头"理论、课堂讨论、案例教学等生动的教学活动，以及学习档案袋、课程项目等多元化的学习评价方式，能够帮助教师更好地指导学生进行主动学习，提升工程伦理教育的实效性。中篇"探究工程的伦理"则深入探讨了伦理分析、工程职业与工程环境等核心议题。通过解析生活中的伦理问题和价值观冲突，阐述基本的伦理立场与伦理推理方法，帮助学生深入理解工程伦理的内涵与外延。同时，引导学生关注工程师的职业责任与伦理规范，以及工程实践对社会环境和生态环境的影响，培养学生的伦理敏感性和责任感。下篇"助力伦理的工程"则着重探讨了设计伦理、跨越疆域与伦理领导力等前沿话题。通过强调设计作为实践伦理价值观的重要载体，鼓励学生将伦理原则融入设计过程中，创造出更加人性化、可持续的产品和服务。同时，该书还关注工程师在全球化背景下的伦理责任与挑战，以及如何通过提升伦理领导力来促进工程职业共同体的健康发展。

总体上看，唐潇风博士对主动学习视域下工程伦理教育的思考，对主动学习模式下工程伦理教学内容和教学方法的探索，具有重要的学术价值和实践意义。对工程伦理课程建设和课堂教学，对教师和学生都有重要的参考价值。

我们相信，全面贯彻主动学习的教育理念和教学模式，通过创造有尊严、有意义的教学体验，能够更好地激发学生对工程伦理的兴趣与热情，引导他们主动探索、积极实践，从而在工程领域培养出更多具备伦理素养的优秀人才。让我们携手并进，在师生共同参与的主动学习的道路上不断探索与实践，共同培养出更多具备伦理素养的卓越工程师，为构建更加美好的工程世界贡献力量。

李正风

2025 年 3 月于清华大学明斋

前　言

笔者从2014年开始从事工程伦理教育，所参与的工程伦理相关工作包括师资发展、在线教学资源开发、课程设计、教材编写和课程教学。作为工程伦理教育者，笔者主要依赖两个学术领域的知识储备。一个是伦理学：2014—2017年在美国宾夕法尼亚州立大学洛克伦理研究所从事博士后研究期间，笔者有幸接受了宾夕法尼亚州立大学伦理所和哲学系的Eduardo Mendieta、Nancy Tuana和Sarah Miller等一批杰出伦理学家的训练。另一个主要的知识来源是笔者所在的工程教育学科。笔者从2008年起一直从事工程教育研究，积累了教学设计、学习评价、师资发展等相关的教育学专业知识。因此，不同于很多以工学或伦理学作为首要分析视角的工程伦理教材或专著，本书是献给工程伦理教师、支持工程伦理教学的工具书。结合笔者的研究和教学经验，本书介绍如何运用主动学习的方法组织工程伦理教学。因此，这篇前言试图回答：为什么采用主动学习的方法来设计和开展工程伦理教学。

什么是主动学习

几年前，在去西雅图参加美国工程教育协会年会的飞机上，笔者偶然发现邻座的乘客也去参加同一个会议，于是询问对方的研究方向。在介绍了一些研究主题之后，这位乘客有些不好意思地说，"虽然我在其他领域有一些研究成果，但我被引用最多的文章是一篇关于主动学习的综述"。笔者当时不以为意，却记住了这位同行者非常好记的名字：Prince，也在之后的研究中经常看到同行们引用这篇综述。Michael Prince的这篇被引用10813次的文章（谷歌学者数据，2024/11/10 检索）*Does active learning work? A review of the research* 提供了一个言简意赅的答案：YES！相较于单纯的课堂讲授，精心设计的主动学习在学生的学业态度、思维方式和内容掌握等方面都展现出更好的效果（Prince, 2004）。这里的主动学习，指的是学习者积极参与有意义的学习活动，并对这些活动进行反思的学习过程。

近年来，主动学习的理念在很多领域，尤其是强调动手实践的工程教育和科学教育等领域得到推崇，然而工程伦理教学在传统上更强调思辨、阅读和讨论，对主动学习的采纳还局限在服务型学习等特定主题上。本书认为，工程伦理教学应该更加全面地探索主动学习的教学方法，接下来将分别从工程师、学生和教师的角度陈述相关的理由。

未来社会需要主动思考、主动选择和主动担当的卓越工程师

工程伦理教育的主要目标是帮助学生成为卓越工程师。未来的工程师是什么样的，承担哪些使命，在什么样的条件下开展工作？工程师们曾试图通过趋势预测来展望工程的未来。2004 年美国国家工程院出版了《2020 年的工程师》，通过"场景想象"的方式预测 2020 年的工程师可能面临的工作环境。报告设想了 4 种可能在 2020 年出现的场景：①新科学革命；②社会情境中的生物技术革命；③自然世界扰乱技术周期；④全球冲突与全球化并存（National Academy of Engineering, 2004）。2004 年的工程梦想家认为，这 4 个极其大胆的想象，也许有一个会接近 2020 年工程师所面临的实际工作环境。然而，现实的魔幻性远超工程师的大胆想象。21 世纪 20 年代的开启伴随着信息、材料等科学领域和基因编辑等生物技术的革命性突破，也见证了新冠疫情肆虐全球和世界各国围绕气候变化、新冠疫情应对及地缘政治等议题在全球竞争与合作中的反复。2004 年大胆想象的 4 个剧本在 2020 年同时上演。这个意外的结局提醒我们对历史的发展保持谦逊态度。然而，当前社会的一些趋势仍然对我们展望工程的未来提供了线索：第一，随着全球人口的增长，应对气候变化和可持续发展的压力会更加突出；第二，随着我国社会老龄化

程度的加深，社会需求会更加多元，对工程师的服务也会提出更广泛和更精细的要求；第三，随着简单技能不断被工具替代，工程师的工作将更加强调价值创造。可以说，未来的社会更加渴求"有灵魂的工程师"。

工程伦理教育是塑造和滋养工程师"灵魂"的重要一环。然而，伦理价值观的滋养和塑造不能靠灌输和说教，教育者应该致力于培养工程师的伦理自觉。主动学习的伦理教学，可以在3个方面支持伦理自觉的培养。第一，主动学习强调学生的主动思考和问题意识，强调对学生好奇心的尊重和培育，因而保护和激发了学生开展创新与价值创造的驱动力（Gorlewicz & Jayaram, 2020）。第二，自主性（autonomy）是包含工程在内的一切职业（profession）的根本因素之一。职业工程师需要在自己胜任的领域内自主、负责任地运用自己的职业权威。主动学习的工程伦理教学要求学生在分析和审度的基础上进行主动选择，锻炼了学生的自主性。第三，主动的伦理学习鼓励和要求学生做出价值承诺。相比被动地接受教材中或课堂上已经做出的价值判断，主动学习视角下的工程伦理教学旨在引导和支持学生对自己的价值观进行澄清、审视和重估，使学生更加自信地面对自己需要担负的责任。

以学习为中心，通过生动的学习活动使学生学以致用

21世纪以来，《人是如何学习的》和《剑桥学习科学手册》等学习科学领域的标志性成果帮助教育界用新的视角审视传统的教学经验和智慧。相较于以往将教学的重心极大程度地集中在教师身上，通过备课、磨课、教学大赛等诸多方式反复优化教师的授课能力，新的学习科学发现更加强调"以学生为中心"和"以学习为中心"（布兰思福特等，2013）。从学生学习的角度出发，教师应该重视3个原则。

其一，教非所学。

认知科学从至少两个角度提醒我们，教师在课上教授的内容，不会原样、自动地转化为学生的学习收获。第一，学生的注意力在一节课上会经历多个

循环。教育学和心理学的一系列研究显示，在以讲授为主的课堂上，学生的注意力随时间递减（Farley et al., 2013）。这个发现意味着，教师精心准备的整整 90 分钟的高强度"输出"（比如密集的新知识、精辟的分析等），学生能消化吸收的可能只是一小部分。第二，受认知规律的影响，很多时候教师把一个知识点"讲清"了，学生在课上也"听懂"了，却未必能"内化于心，外化于行"，更难以"举一反三"。对比我们学习开车、滑冰或编程的经历，就不难想象，仅仅"听懂"相关的原理和真正意义上的"学会"还有不小的距离。因此，教师教过了不一定意味着学生学会了（大概率还没有学会）。

其二，用乃所学。

那么，什么才是"学会"的可靠信号呢？"学以致用"的说法提供了有益的参考。真正学会的标志，是学生在练习中、工作任务中或日常生活中主动运用所学的知识和方法。一位给工程博士生讲授"工程伦理"课程的同事曾经兴奋地分享，一名完成课业的学生在他负责的区域性工程技术专业资格评审中，提出把工程伦理加入评审标准。这样的举动充分证明，这名学生理解了伦理对于工程职业共同体的重要性。以上两条原则说明，学习的关键或者教学质量建设的核心，应该从教师的行为转向学生的运用。在工程教育专业认证中广泛采纳的"基于学习成果的教育"（OBE）的理念，与此相契合。

其三，动以助学。

主动学习的教学设计能有效地衔接教师的教学和学生的学习，进而辅助学习成效的提升。首先，在课堂中引入由学生主导的学习活动，有助于学生从多个角度，以不同方式运用课程所传授的知识。例如，以小组合作的形式绘制前沿技术利益相关者的概念导图（见第 4 章"伦理分析"），能让学生通过同辈交流和相互启发来拓展思考的边界。经过适当设计的主动学习活动还可以帮助学生由浅入深，逐步练习和进步。其次，教学活动的切换丰富了课堂的节奏，有利于吸引学生的注意力，提升学习投入水平。以讲授为主的传统课堂教学，可能面临课堂节奏既太慢又太快的挑战。节奏太慢是因为口头语言表达的速度低于大脑处理信息的速度，因而学生容易走神。而节奏太快是因为教师精心准备的 90 分钟讲座往往"干货满满"，但这些对于熟悉课程内容的教师顺理成章的理论、概念和分析，对初次接触的学生来说，却可能造成认知负荷过重。对于一些专业课来说，解决认知负荷的方式是录制讲座视频，供学生反复观看。然而，对于工程伦理课，除非是为了考前复习，多数学生未必有动力在课后反复观看教学视频，弄懂各种伦理概念的精确含义和伦理分析方法的深意。面对这些挑战，主动学习的教学设计，既能通过不同形式、不同媒介的学习活动来唤醒学生的注意力，也提供了供学生体验、反思和拓展课程所介绍的概念和方法的机会。

创造有尊严、有意义的教学体验

按照工程教育专业认证和工程专业学位教学指导委员会的要求，很多高校把"工程伦理"作为必修课纳入工科本科和研究生项目的培养方案，工程伦理教学的体量也迅速增长，很多工科或人文学科的高校教师跨界加入工程伦理教学。由于工程伦理涉及伦理学、工学、职业社会学等多个学科领域的知识，新开"工程伦理"课程的教师在理论、背景知识和教学方法等方面都面临不小的挑战。本书试图以主动学习为线索，针对"工程伦理"课程的设计和组织提出建议，为工程伦理教师提供支持。不少教师可能会认同，枯燥的课堂是一种"尴尬"的体验。希望避免"照本宣科"的教师，或许可以从本书所介绍的主动学习的设计思路和课堂活动中得到启发。

主动学习的工程伦理教学，为学生的主动思考和主动表达预留了空间，避免了"伦理说教"。作为工程伦理教师，有必要向学生说明社会和工程职业共同体对工程技术人员的伦理要求和"底线思维"，有时也必须表明教师个人的价值观和立场（例如"把公共安全、健康和福祉置于首位"）。然而，伦理教学不等于说教，更不是"洗脑"。如同其他领域的教学一样，伦理教学应该是一种邀请，通过提出问题、提供知识和开展分析，邀请学生参与关于工程的目的、规范和成效的共同探究。笔者曾经在不同场合（例如美国实践与职业伦理协会的年会上），听到有人以"有的工程师通过了'工程伦理'课程，却在实践中违背伦理准则"为由质疑工程伦理教育的必要性。笔者认为，这种质疑误解了教学"作为一种邀请"的性质。试想，我们从小学、中学到大学，向学生提供了十几年的科学教育，却并没有用"人人成为科学家"来评价科学教育的成效，又怎能要求只开展了一学期的工程伦理教育就确保所有学生不犯伦理的错误？主动学习的工程伦理教学旨在为学生识别和审度工程中的价值观和伦理问题提供空间，而不是苛求学生在价值观和伦理立场上整齐划一。这种理念，在减轻教师"伦理规训"负担的同时，强调了教师作为启迪和激励学生开展伦理思考的邀请者的角色。

本书还意图通过主动学习理念的分享，帮助教师创造更加生动和积极的课堂学习环境，提高工程伦理教师的职业自信和尊严感。为满足教学要求，一些教师（尤其是青年教师），会在准备不足的情况下站上工程伦理的讲坛。作为一门公共必修课，面临资源不足、班额过大等挑战，"工程伦理"有时成为学生不愿投入，却又不得不应付的"负担"。这种课堂氛围会挫伤教师（尤其是从教时间不长的青年教师）的积极性。本书期待帮助教师通过精心地设计，与学生共同创造有意义的学习体验，以主动的学习活动，激励学生的投入和思考，通过师生的相互激励，提升教学的意义感和成就感。

本书导航

本书共分为3篇。上篇"工程伦理教学设计"介绍教学设计的主要元素：学习目标、教学活动和学习评价。第1~3章在分别介绍学习目标、教学活动和学习评价的含义和要点之余，依次展示适合不同学业层次的工程伦理学习目标、体现主动学习理念的工程伦理教学活动和适合工程伦理的学习评价方式。上篇的主要目的是向工程伦理教师介绍教学设计和课堂组织的核心概念与原则。不以教学为目标，仅对工程伦理分析感兴趣的读者可以跳过上篇。

中篇"探究工程的伦理"介绍工程伦理分析的3个基本视角：伦理理论和方法、工程职业和工程所处的环境。第4章简要介绍3种最基本的伦理理论及运用这些理论开展伦理分析的要点。本章还介绍了一种适合工科学习者对复杂伦理问题开展分析的方法（伦理推理）。第 5 章从职业伦理的视角考察工程伦理的特点。作为职业伦理的分支，工程伦理中在体现职业共同体伦理规范的同时，也展现出工程特有的、不同于其他（如医疗、法律等）职业伦理的特性。第 6 章通过工程所处的组织环境、社会环境和生态环境进一步考察工程活动中伦理问题产生的背景。如上文所述，本书不是关于工程伦理的理论著作或教材，因此，中篇各章的重点不是关于伦理原则和伦理分析的详尽说明，而更加注重从教学设计的角度讨论学生的学习特点，并介绍相关的教学活动。

工程伦理的学习并不只是"坐而论道"。尤其在科技与社会生活相互深度渗透的今天，工程技术活动本身已经成为践行价值观和伦理原则的重要手段。可以说，工程师每天都在对现实世界进行"伦理干预"，无论他们是否有意如此。本书下篇"助力伦理的工程"的重心是通过教学帮助学生开展践行伦理价值的工程实践。第 7 章聚焦工程师实现其理念、追求和创造力的重要活动：设计。设计是对自然和社会格局的创造性重构，在物质、关系和审美层面都具有非常丰富的伦理含义。本章分享一些体现设计的价值内涵的教学素材和教学活动。第 8 章讨论工程师在跨越文化和地域的疆界开展工作时所面临的伦理挑战和应对策略。第 9 章聚焦工程师作为社会技术创新领导者的角色，讨论工程师如何培养和发挥伦理领导力，促进伦理原则在更广泛的领域中得到弘扬。

参考文献

[1] GORLEWICZ J L, JAYARAM S. Instilling curiosity, connections, and creating value in entrepreneurial minded engineering: Concepts for a course sequence in dynamics and controls[J]. Entrepreneurship Education and Pedagogy, 2020, 3(1): 60-85.

[2] FARLEY J, RISKO E F, KINGSTONE A. Everyday attention and lecture retention: the effects of time, fidgeting, and mind wandering[J]. Frontiers in Psychology, 2013(4): 619.

[3] National Academy of Engineering. The engineer of 2020: Visions of engineering in the

new century[M]. Washington, DC: National Academies Press, 2004.

[4] PRINCE M. Does active learning work? A review of the research[J]. Journal of engineering education, 2004, 93(3): 223-231.

[5] 布兰思福特,等.人是如何学习的：大脑、心理、经验及学校[M].程可拉,孙亚玲,王旭卿,译.上海：华东师范大学出版社，2013.

目录

上篇：工程伦理教学设计

第1章 课程学习目标 ... 2

引言："大石头"理论 ... 2

1.1 什么是课程学习目标 ... 2

1.2 课程学习目标的确立和表述 ... 3

    1.2.1 少而精 ... 3

    1.2.2 目标的表述应包含动词 ... 4

    1.2.3 可测量 ... 5

1.3 兼顾教学组织和学生特点 ... 5

1.4 工程伦理课程学习目标举例分析 ... 7

    1.4.1 清华大学本科通识选修课"工程伦理"的课程学习目标 ... 7

    1.4.2 俄亥俄州立大学土木工程系"研究生职业发展"课程"伦理领导力"模块的课程学习目标 ... 9

1.5 工程伦理教育的长期目标 ... 9

    1.5.1 伦理触觉 ... 10

    1.5.2 伦理想象力 ... 10

    1.5.3 伦理决断力 ... 12

    1.5.4 伦理定力 ... 13

1.6 小结 ... 15

参考文献 ... 15

知识链接 1-1　工程伦理课程学习目标分类举例 17

第 2 章　教学活动　18
引言："课件没法复习" 18
2.1　课堂讨论 19
2.1.1　调动学生参与课堂讨论 19
2.1.2　挑战 1：冷场 21
2.1.3　挑战 2：课堂的节奏 23
2.1.4　挑战 3：学习的深度 24
2.1.5　挑战 4：控制的让渡 24
2.2　案例教学 26
2.2.1　案例教学目标 26
2.2.2　考虑教学对象 28
2.2.3　考虑教学的形式和条件 30
2.3　课堂练习 33
2.3.1　练中学 33
2.3.2　动中学 33
2.4　小结 34
参考文献 35

第 3 章　学习评价　36
引言：拒绝"卷"字数 36
3.1　什么是学习评价 37
3.1.1　评价的构成：评价目标、呈现方式和解释标准 37
3.1.2　评价的原则 38
3.1.3　适合工程伦理的学习评价工具——评分量规 40
3.2　"工程伦理"学习评价举例分析 41
3.2.1　学习档案袋 42

3.2.2　课程项目 43
　　　3.2.3　出勤和课堂参与 45
　3.3　其他学习评价的方法和资源 45
　3.4　生成式人工智能时代的工程伦理学习评价 46
　3.5　小结 48
　参考文献 48
　知识链接 3-1　学习档案袋（portfolio）作业说明 49
　知识链接 3-2　课程项目作业说明 52
　知识链接 3-3　VALUE Ethical Reasoning Rubrics 54
　知识链接 3-4　个人反思作业说明 56
　知识链接 3-5　工程伦理对谈作业说明 56

中篇：探究工程的伦理

第 4 章　伦理分析　　　　　　　　　　　　　　　　　　　　60
　引言：生命的估价 60
　4.1　伦理学与工程伦理教学 61
　4.2　生活中的伦理问题和价值观冲突 63
　4.3　基本的伦理立场 65
　　　4.3.1　基于规则的伦理立场 66
　　　4.3.2　基于结果的伦理立场 69
　　　4.3.3　基于品格的伦理立场 71
　　　4.3.4　综合多种立场分析伦理问题 73
　4.4　运用伦理推理方法进行案例分析 75
　4.5　小结 79
　参考文献 80
　知识链接 4-1　"关于'我'的备忘录" 81

XIII

第5章 工程职业 ... 83

引言：工程师之戒 ... 83
5.1 职业和职业伦理 ... 84
5.2 工程师的职业组织和工程伦理守则 ... 87
5.3 工程伦理问题的特点 ... 90
5.3.1 跨学科、非良构的复合型问题 ... 90
5.3.2 影响大、波及广 ... 91
5.3.3 路径依赖 ... 92
5.4 工程师对职业共同体的伦理责任 ... 93
5.4.1 工程师的公众形象 ... 93
5.4.2 工程职业共同体的多元、平等和包容 ... 94
5.4.3 服务职业共同体 ... 95
5.5 小结 ... 96
参考文献 ... 96

第6章 工程的环境 ... 99

引言：公众对工程的态度：两个片段 ... 99
6.1 工程的组织环境 ... 100
6.2 工程的社会环境 ... 104
6.2.1 守护公众利益底线 ... 104
6.2.2 听取公众意见 ... 105
6.2.3 谋求共识 ... 106
6.2.4 引导公众认识 ... 107
6.3 工程的生态环境 ... 108
6.4 工程与可持续发展 ... 109
6.5 小结 ... 111
参考文献 ... 111

下篇：助力伦理的工程

第 7 章　设计伦理　114
- 引言：Tide Pods 设计团队的成就与疏忽 114
- 7.1　设计与价值观 115
  - 7.1.1　设计是实践伦理价值观的重要载体 115
  - 7.1.2　"价值中立"vs"固有价值" 117
- 7.2　价值观驱动的设计 118
  - 7.2.1　通用性设计 118
  - 7.2.2　以用户为中心的设计 120
  - 7.2.3　可持续设计 123
- 7.3　小结 124
- 参考文献 124

第 8 章　跨越疆域　126
- 引言：慈善厨房的访谈 126
- 8.1　跨越疆域的责任 127
  - 8.1.1　工程服务的需求 127
  - 8.1.2　工程师的行动 128
- 8.2　跨域的挑战 131
- 8.3　小结 134
- 参考文献 134

第 9 章　伦理领导力　136
- 引言：伦理领导力教学的两次尝试 136
- 9.1　开展伦理领导力教学的动机 137
- 9.2　伦理领导力的定义和作用 138
  - 9.2.1　什么是伦理领导力 138
  - 9.2.2　伦理领导力的作用 139

9.3 工程职业共同体中的伦理领导力 140
9.4 伦理领导力的教学 141
    9.4.1 工程伦理守则撰写 142
    9.4.2 伦理领导力案例写作 142
    9.4.3 写作领导力宣言 143
9.5 小结 143
参考文献 143

后记 145

上篇 工程伦理教学设计

第 1 章
课程学习目标

引言:"大石头"理论

关于教学目标,俄亥俄州立大学教学促进中心的副主任 Teresa Johnson 博士曾经举过一个生动的例子:一位教师在大街上碰到一个 10 年前上过她的课的学生,学生在和老师寒暄之际,还能清晰地回忆起这门课带给她的影响,"这种影响就是这门课所实现的长期目标"。Johnson 用"大石头"理论来解释课程目标的选择和组织:如果要往一个桶里装进不同大小的石头和沙子,首先应该决定大石头的数量和摆放,然后根据剩余的空间来放置小石头,最后倒入的细沙会自动找到合适的位置。与此相似,课程设计的首要任务是确定那些最重要的目标。一旦安放好这些"大石头",那些次要的目标往往也随之尘埃落定。

确立课程学习目标是设计工程伦理课程的关键。本章简要介绍课程学习目标的概念和类型,以及选择学习目标的基本原则。随后,以笔者在清华大学和俄亥俄州立大学设计与讲授的工程伦理课程为例,分析和评价相关课程学习目标的选择。结合伦理教育领域的研究进展和工科学生的职业发展特征,本章进一步讨论工程伦理教学可以追求的长期目标。知识链接 1-1 列举了适合本科、硕士研究生和博士研究生层次工程伦理教学的课程学习目标,供读者参考。

1.1 什么是课程学习目标

学术界对课程的目标有不同的表述,有人从教师的角度出发使用"教学目标"的概念。本书以学生学习为中心,采用"课程学习目标"的表述。课程学习目标是指学生在完成一门课程后应该得到的学习收获。常见的分类体系按照知识（knowledge）、技能（skills）和态度（attitudes）（KSA）来区分学习目标。课程学习目标有两个要素：一是学生需要习得的知识、技能或态度；二是相关目标的实现程度。有的学校要求教师在开课申请或课程教学大纲中填写课程目标。在拟定目标时，需要注意两个细节。第一，课程学习目标的适用对象是修完整个课程，在课程中的学习投入达到基本要求的学生。笔者常常使用的表述是："顺利完成本课程的学生将达成以下学习目标。"第二，此处讨论的学习目标指的是教师力图通过课程教学来辅助学生达成的目标，而不是说一门课程可能实现的目标或可能造成的影响仅限于此。课堂是一个丰富的生活场域，修读一门课程也是开启一段生活经历。学生可能在课上实现的目标很多：结识终身的好友，在与师生的碰撞中形成重要的生涯决策，发现课程的内容与自己的预期不符，甚至在一门课上悟出应付考核的"窍门"……本章的重点不是这些课程的额外效应，而是教师经过仔细考虑、结合学校或专业的培养方案和学生的学习特点所选定的，计划通过课程教学来辅助和监控其实现的学习目标。"辅助和监控其实现"的表述体现出教学设计的一个重要思想：课程学习目标是一门课的核心，教学活动和学习材料的选择应该服务学习目标的实现，而学习评价（作业、考试等）则应该显示和衡量学习目标的达成度（McTighe et al., 2005）。

1.2 课程学习目标的确立和表述

确定学习目标是课程设计的出发点。在确立和表述课程学习目标时，应注意学习目标的数量、表述形式和可测量性等方面的特征。

1.2.1 少而精

许多教师在设计一门课的时候可能雄心勃勃地希望将自己的知识和才华尽可能地传递给学生。然而，教学设计和认知科学的研究提醒我们，真正高质量的课程往往围绕少数精心选择的目标展开。少而精的目标选择有两层含义：第一，如本书前言中提到的，教过未必就是学会，高质量的教学往往需要给学生留出时间来消化、练习和反复。如果在一门课程中追求二三十个或更多的学习目标，那么多数目标只能浅尝辄止，大概率不会在学生的思想中留下牢固的印记，有可能形成教师讲得很热闹，学生听得很开心，过后却没什么收获的局面。第二，教师应该在分析培养目标和学生需求的基础上，尽可能选择有分量的、重要的学习目标。核心的学习目标有时可以分解为更加具体的子目标，通过树状图或者概念导图的形式来展现各个学习目标之间的联系。图 1-1 展示了普渡大学"工程师创业"课程学习目标的概念导图。

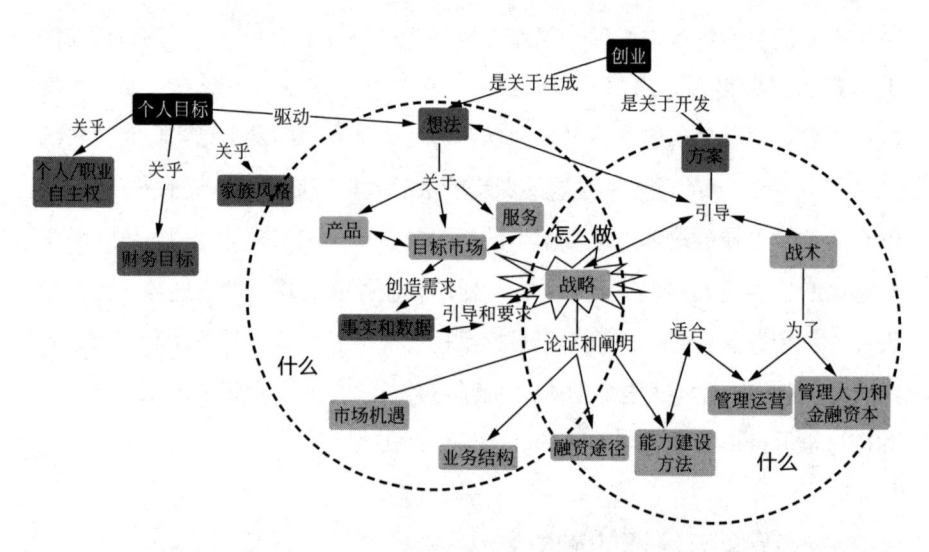

图 1-1 普渡大学"工程师创业"课程的学习目标 (Streveler et al., 2012)

1.2.2 目标的表述应包含动词

David R. Krathwohl 提出的学习目标分类体系（"改进的布鲁姆分类法"）区分了 6 种层次的认知活动：记忆、理解、运用、分析、评估和创造（Krathwohl, 2002）。用动词短语来表述学习目标能更加清晰地体现学生在达成目标的情况下能"做什么"，确保学习目标与学生的学习收获（所知、所想、所行）紧密相连。例如，笔者开设的工程专业博士"工程伦理"课程的学习目标包括："能识别和分析工程技术创新所涉及的重大伦理问题。"这个目标的表述指出了学生实现课程目标所要开展的行为（识别和分析伦理问题），为学习评价和教学活动的设计指明了方向。

1.2.3 可测量

作为课程的"纲领"，课程学习目标的达成度应该能通过不太复杂的方式进行测量。本书第 3 章（"学习评价"）将具体讨论如何测量课程学习目标的达成。在设定学习目标时，应该兼顾其"可测性"。上文提到用动词来表述学习目标，而动词往往和学生的行为相联系。因此，要提升学习目标的可测性，一个简单的方法是尽量把内在的认知转换成外显的行为。比如，"理解基于结果的伦理理论"是偏重内在认知行为的目标，但是在教学中不太容易测量学生对理论的理解程度。如果替换为"运用基于结果的伦理理论来解释常见的社会争议"，则比较容易通过课堂讨论或短文写作等方式来检验目标的达成度。如此替换之后，学习目标从布鲁姆分类法中的"理解"变成了"运用"，在认知层面上也更加深入了：如果学生能够恰当地运用伦理理论来解释社会争议，那么他们对理论的理解也达到了一定水平。

1.3 兼顾教学组织和学生特点

在选择课程学习目标时，除了考虑上述因素，还应关注相关的教学组织方式和选课学生的特点。协调二者与课程学习目标的关系对于学习目标的适切性和可实现性至关重要。首先，在选择课程学习目标时，教师应该自问：为什么要围绕这些目标来设计课程，这些目标对于本课程的重要性体现在何处？有关工程伦理的学习目标有很多：培养家国情怀，树立责任意识，提升伦理素养，增强工程职业认同，锻炼跨学科思考能力，培养反思的习惯……上文曾提到，设计课程时应该选择重要的、有分量的学习目标。对于一门具体的课程来说，什么样的目标最重要？要回答这个问题，需要考虑课程在学校和专业人才培养方案中的定位。如果"工程伦理"是一门专业必修课，那么课程学习目标的确立既要对照专业培养方案中的培养目标，也要考虑本专业的课程体系，注意"工程伦理"课程与培养方案中其他课程之间的联系。伦理学习常常运用阅读、讨论和写作等方式，因此有的教师会把口头和书面沟通能力纳入"工程伦理"课程的学习目标。如果在专业培养方案中已经包含了"技术写作与沟通"的课程，那么伦理课的教师在设计与沟通能力相关的学习目标时，应该与写作课的老师保持沟通，避免两门课中相关学习目标的重复、脱节或冲突。作为全校通识选修课开设的"工程伦理"，则应该包含体现学校育人理念和通识教育要求的学习目标。

课程学习目标的选择要充分考虑课程本身的"容量"（affordance）以保障目标的实现。这里所说的"容量"指的是课程的学时、选课人数、课程的性质（选修/必修）及授课形式等。这些属性决定了课程所拥有的资源，以及学生预计在课程中投入的时间。要实现更深层的学习目标往往需要更多的时间投入：掌握复杂的概念需要更长时间的讲解、讨论和练习，完成开放性的课程项目则需要更多的调研、课外阅读和方案迭代等。学生的投入，除了较为确定的课上时间，还包括课外在相关学习活动中投入的时间。虽然每门课理论上有"课上1学时，课外2学时"的期待，但现实中的学生大多善于根据自身的权重判定来"优化"每门课的时间投入。因此，教师在设立课程学习目标时，需要预估学生达成相关目标所需要的课内和课外工作量。有时，这种预估在课程开设的初期不太准确，教师可以通过观察和调研学生的实际投入，逐步调整相应的学习目标。

课程教学的最终目的是服务学生的学习，因此学生的特征和需求也是确立课程学习目标的重要参考。合适的课程学习目标应该在有效衔接学生已有知识背景的同时服务学生的进一步发展。针对本、硕、博等不同学业层次的课程学习目标应该有所区分。笔者在教学中观察到，我国工科专业的本科生往往对工程职业（the engineering profession）的实际情况所知甚少，对于职业工程师开展工作的目标、环境和方式缺乏了解。在美国等国外高校的工科本科生通常拥有在企业实习的经历，对工程职业有近距离的观摩和体验。鉴于这种文化差异，国外教材中经常强调的工程伦理的职业属性（比如行业标准、职业协会等内容），往往让我国的本科生感到陌生。因此，面向我国本科生的工程伦理教学可能更适合伦理思维、新兴技术伦理、工程与社会的互动等侧重通识教育的学习目标。研究生阶段的工程伦理教学则应有不同的重点。近年来，我国工程专业硕士教育的规模不断扩大，而工程专业硕士教育的目标就是培养职业工程师。因此，为硕士生开设的工程伦理课程有必要突出职业伦理规范。工程专业博士经常参与前沿技术的研发，有机会见证或影响那些改变、冲击或重塑社会规范的颠覆性技术。因此，面向博士生的工程伦理教学有必要考虑研究伦理、新兴技术的伦理分析和基于伦理的技术干预等学习目标。

1.4 工程伦理课程学习目标举例分析

1.4.1 清华大学本科通识选修课"工程伦理"的课程学习目标

笔者自 2021 年起，每年春季学期在清华大学开设本科通识选修课"工程伦理"。这门课程的学习目标如表 1-1 所示。

表 1-1 清华大学本科通识选修课"工程伦理"的课程学习目标

顺利完成本课程的学生将达成以下学习目标： （1）概述伦理的基本含义、主要原则和对工程师的职业伦理要求； （2）使用伦理推理方法分析工程决策所涉及的原则、价值观和利弊； （3）通过反思提升自主学习能力； （4）有效利用团队学习环境； （5）提出、完成和报告一个研究项目。

这些课程学习目标的选择综合考虑了课程的定位、选课学生的背景和主动学习的教学理念。作为一门通识课，"工程伦理"不仅介绍工程职业伦理的相关知识，还期望培养学生的伦理思维，以便对工程和伦理相关的问题开展自主思考。选修这门课的学生，无论将来是否从事工程职业，都是社会的一员和工程活动的利益相关者，都受到工程决策及其背后伦理选择的影响。因此，笔者希望通过对工程的伦理辨析来训练学生对生活中的伦理情境敏锐觉

察的能力和对涉及价值选择的决策审慎思考的能力。表1-1中的学习目标（1）和目标（2）体现了这些考虑。

目标（3）突出了课程的通识教育功能。通识教育的研究者对自我反思和自主学习能力对于现代公民的重要性已经形成共识（Løvlie et al., 2002）。不少学者也指出，当前主流的工程教育在培养学生反思和自主学习方面的成效不足（赵蕾等，2020）。不同于工科专业课，通识课的重点不是学生专业知识的深化，而是更加重视对具有可迁移性的学习技能的培养。伦理学是一个强调反思、不断检视和修正自身立场与价值观取向的学科。因此，笔者试图以课程中所教授的伦理反思为基础，引导学生对自身的学习过程和学习特点进行反思，以便提升他们主动学习的能力。

选修清华大学本科通识课"工程伦理"的学生中大约一半来自非工科专业。不同的学科背景和思维方式，为学生从多元视角分析伦理问题提供了良机。同时，受主动学习理念的启发，课程中穿插了很多以小组为单位的同伴学习活动（详见第2章）。表1-1中的目标（4）呼应了课程对团队学习的强调。为了增强团队学习的成效，课程在分组时尽力争取跨学科组队。然而，仅仅采用团队学习的形式并不能保证学生学会"有效利用团队学习环境"。目前，笔者正在评估目标（4）和课程教学实际情况的适配性。

目标（5）的初衷仍是促进学生可迁移性的学习能力的提升，旨在通过"基于项目的学习"（project-based learning）锻炼学生开展研究和管理项目的能力。目标（5）的另一个动机是为学生提供自主探究的空间，使学生运用课上所学的工程伦理概念和知识，围绕自己关心的伦理问题开展具有纵深的探索。过去几年的课程实践表明，研究项目体现了学生的自主思考和探索。然而，笔者也注意到，越来越多的大学课程都包含了研究项目。以清华大学为例，本科必修课"写作与沟通"在项目的要求上和"工程伦理"课程有不少相似之处。因此，笔者目前也在重新评估目标（5）的必要性以及目标的恰当表述。

1.4.2 俄亥俄州立大学土木工程系"研究生职业发展"课程"伦理领导力"模块的课程学习目标

第二个例子源于 2019 年俄亥俄州立大学土木工程系的 3 位教师与笔者一同为该系的"研究生职业发展"（Graduate Seminar）课程设计的"伦理领导力"教学模块。这门课面向土木工程系硕士和博士研究生，通过学术技能训练、专家讲座等方式提升学生的研究能力和职业素养。考虑到大部分土木工程专业的研究生在毕业后不久就担任项目领导者（硕士毕业生）或学术团队领导者（博士毕业生）的角色，3 位教师邀请笔者一起为这门课设计伦理领导力的教学。伦理领导力所涉及的范围相当广泛（详见第 9 章），而"研究生职业发展"是一门 1 学分（16 学时）的课程，并且已有的学术技能的训练占用了大部分课时。任课教师们表示，只有 6 学时可以分配给伦理领导力的模块。在考虑了课程条件和选课学生的特点之后，"伦理领导力"模块最终确定了两个学习目标：

（1）理解伦理型领导的不同维度（understand different dimensions of ethical leaders）。

（2）开启自己成为伦理型领导的发展历程（begin to develop oneself into an ethical leader）。

对土木工程系的学生来说，伦理领导力是一个相对陌生的概念。因此，目标（1）力图在认知层面向学生介绍伦理型领导者的概念，帮助他们初步建立伦理型领导者在愿景、品格和技能等方面的画像。目标（2）则侧重在行为层面，帮助学生把伦理领导力的发展整合到自身的学业和职业发展中。考虑到多数学生没有担任过正式的领导职务，而伦理领导力的培养是一个长期的过程，因此目标（2）侧重于这个过程的启动而非完成。

1.5 工程伦理教育的长期目标

在具体的课程学习目标之外，本书还期待促成一种赋能的伦理教育，使接受教育的学生不仅理解工程职业伦理的要求，还能通过伦理的训练，在认知、决策、交往等方面，更加通达自信，成为卓越的工程师和有责任感的公民。相比课程学习目标，这些更加广泛和长远的育人目标无法仅仅通过一门课程完全实现，也不容易在课程中进行测量。借用伦理学家 Eduardo Mendieta 的术语，可以用"伦理健硕"（ethical fitness）来描述这些长期目标。Mendieta 教授本人非常健硕，拥有一身曲线分明的肌肉。与身体的健硕相似，Mendieta 指出，保持健康的伦理状态，也如健身一般需要持续地锻炼。这种锻炼体现在对伦理问题的敏锐察觉、审慎分析、恰当决策和对伦理选择的坚守等方面。这个锻炼过程中所培养的伦理的触觉、想象力、决断力和定力，可以看作工程伦理教育的长期目标。

1.5.1 伦理触觉

伦理学者认为"伦理敏感性"（ethical sensitivity）的培养是伦理教育的核心目标之一。伦理敏感性指的是在特定情境下识别伦理问题是否存在的能力（Tuana, 2014）。本书把这种感知伦理问题的能力称为"伦理触觉"。对伦理问题的有效感知是开展伦理分析和进行伦理决策的起点，伦理触觉帮助我们在面对涉及伦理和价值观的问题或做出可能影响他人幸福的决策时避免粗糙和冷漠。笔者曾在课上分享一个情景："①女孩喜欢逛公园，男孩喜欢看电影；②两人每一次约会都去电影院。"这个例子通常会引起学生对恋人之间关系的质疑和讨论。然而，也有一次碰到学生反问："这有什么问题？"伦理触觉的培养还有助于我们觉察细微的或无心的不当之处并进行干预。笔者在使用人工智能工具生成关于"工程师"的图片时，若不加其他提示词，生成的图片往往是一个头戴安全帽的男性形象。觉察到这样的形象可能强化对于工程师性别的刻板印象，可以通过"创造一幅女性工程师的图片"或"创造一群工程师的图片"等提示词来进行纠正。

1.5.2 伦理想象力

能否敏锐觉察到伦理问题的存在也和我们针对不同的立场进行想象和

建立联系的能力有关。很多时候，司空见惯的现象和行为不容易唤起观察者对其伦理意义的关注。笔者曾在更衣室里见到家长忙着更衣，让同行的儿童在一边玩手机的情况。用手机暂时吸引孩子的注意力是家长们常见的行为，但是有的家长没有想象到在更衣室里使用手机会给所有用户带来的隐私风险。伦理想象力帮助我们感知和理解不同角度的想法、立场和感受，使我们理解和预见不同的利益相关方可能从哪些角度维护各自的立场。能够换位思考他人的感受和想法（即心理学所说的共情能力）是有效沟通和协作的基础。重要的公共议题往往涉及复杂的伦理决策，需要充分倾听和考虑多方面的意见。例如，基于安全和科学性等因素考虑，疫苗的研发通常要经过严格而漫长的测试，充分验证其安全性和有效性之后，才能大规模地接种。然而，疫情暴发地区的居民为了减少疾病传播，可能希望有关方面抛开教条，提供更及时的援助。公共卫生政策的制订者需要尽力平衡风险、责任和社会需求。2015—2020年，针对埃博拉病毒在全球部分国家和地区的泛滥，世界卫生组织批准以"同情用药"的方式向部分人口接种还未上市的埃博拉病毒疫苗（World Health Organization, 2020）。所谓同情用药，指的是处于危重状态下的病人获准使用尚在测试中的药物的特殊治疗措施（U.S. Food & Drug Administration, 2024）。为了评估同情用药的必要性，世界卫生组织召开了专门的专家会议，这就要求参与评估的专家不仅能阐明自身（比如药企、公卫、政府等）的立场，还能充分考虑不在会议现场的其他重要的利益相关者（如病人）可能持有的伦理立场。

诚然，有效的倾听和对话是伦理决策的重要基础。然而，面对前所未有的崭新伦理挑战时，已有的观点和立场无论多么丰富多元，可能都不足以回答眼前的新问题。在这种情况下，伦理想象力还能发挥另一种作用：通过有根据的、合理的推演（想象）来发现创造性的解决方案。笔者曾经在课上请学生分析：设计一种自动限速（即在任何路段都不能超过当前路段限速）的汽车是否具有伦理正当性？在课堂讨论中主要的反对意见是，通过设计来限制车辆的速度会侵犯消费者使用产品的自由，有违商业伦理。针对这种意见，有同学提出，根据国家的相关规定，电动自行车就有每小时25千米的限速并通过产品的设计强制执行。这个例子让其他同学意识到，消费者对车辆行驶速度的控制权，并非绝对意义上的个体权利，而只是惯性思维的延续。伦理想象力的另一个例子和自动驾驶技术的伦理挑战有关。不少学者和业界人士都讨论过自动驾驶中的"无私算法"。加载了这种算法的自动驾驶系统，在面临交通事故的决策时，会把行人的生命安全置于车内乘客之前。这种"先人后己"的理念很快被人们以市场逻辑为由否决了。这种逻辑认为，没有人会购买以自身安全为代价来保护行人的汽车，因而这样的产品没有市场。事实上，如果跳出"汽车是个人消费品"的惯性思维，扩大伦理想象的范围，也许就不必过早地否定"无私算法"的可行性。比如说，能否要求（未执行抓捕任务的）警车或公务车辆率先加载"无私算法"？又或者，能否通过保险费率的差别（比如大幅优惠加载"无私算法"的车辆）来吸引消费者？这些想象有可能为一种更加重视行人安全、更加"善意"的自动驾驶产品创造市场空间。

1.5.3 伦理决断力

在日常的生活和工作中，我们经常需要做出涉及伦理价值的判断，伦理决断力为这些判断提供了保障。笔者曾在一个学期的期末收到 1 名学生的微信消息，申请将笔者执教的一门课程的期末论文迟交 1 周，因为他的学位论文开题报告需要紧急修改。读完这条消息，笔者的第一反应是："没问题。如果我在论文补交后第一时间批改，能够按时提交期末成绩。"这种想法遵循的是"服务学生"的逻辑，而服务学生是笔者作为教师的重要原则。然而，工作中逐渐形成的决策习惯提醒笔者：不要立即回复，给自己留出思考的时间。进一步分析情况后，其他重要的视角和原则也被逐渐"激活"。论文提交事关期末分数，必须考虑公平性。课程论文的提交时间和相关要求已经在课前公布，也在课上进行了反复提醒，甚至有一些学生在对比了课程要求和自己的工作负荷之后选择了退课。选修这门课的其他学生并没有得到论文迟交的许可，尽管他们在完成期末论文期间可能也遇到了需要紧急处理的任务。此外，笔者也考虑了决策的教学效果。课程论文在期中已经提交了初稿，期末论文的主要任务是根据教师对初稿的反馈进行修改，并没有格外繁重的工作量。根据笔者的判断，在论文截止期之前，同时完成开题报告的修改和期末论文的撰写是可行的。相反，推迟论文提交时间并不会大幅提升学生在论文写作中的学习收获。在一学期的课程中，该生并没有就论文的写作和完善同笔者进行任何沟通，只是在临近论文提交的截止日期突然提出延期申请，既没有报告当前的论文写作进度，也没有预告接下来的写作计划。同意延期对于该生对待这项学习任务的态度并没有起到积极的教育作用。经过考虑，笔者回复不同意延期，并重申了教学大纲中对于迟交作业的规定（按照迟交程度进行分数扣减）。学生收到回复后表示尽量按时提交，如果迟交也愿意接受相应的分数扣减。笔者则回复"加油加油"来表示对学生的理解和鼓励。这段互动的过程只有几分钟。在这几分钟里，笔者的思考经历了从"能不能同意"（教学可操作性）到"该不该同意"（伦理正当性）的变化，借助相关的伦理概念，结合课程的信息，辅助笔者做出了决断。

1.5.4 伦理定力

1.5.3 节中关于论文延期申请的例子还体现了伦理教育中的另一个重要目标：伦理定力。伦理定力是指面临压力和不确定性时坚持自身伦理判断和价值选择的能力。有一种质疑伦理教育必要性的观点认为：违背伦理原则的人并非不辨对错，而困于"情非得已"：因为形势、人情、利益等因素无法坚持自己明明知晓的正确选择。这种情况并不罕见，但伦理教育在培养学生的伦理定力方面也可以有所作为。符合伦理的选择并不意味着当事人要牺牲一切，虽然这种英勇的牺牲在少数情况下可能是必要的。很多时候，坚持伦理判断和伦理选择，即伦理定力的培养，源自伦理思考和认识能力的提升。思维层面的伦理教育有助于提高伦理定力的可持续性，这一点对于身处职业准备期或初入职场的年轻工程师尤为重要。此处不对伦理定力的理论内涵做全面的讨论，仅根据笔者的观察和教学经验指出几个相关问题。

第一，伦理定力同我们如何理解他人眼中的自我有关。在学生论文延期申请的例子中，笔者的本能（初始）反应是，"我的答复会如何影响自己在学生心目中的形象"或"如果我拒绝学生的延期，对方会不会觉得我是一个不关心学生困难的老师"。与此相似，很多学生或年轻工程师在学习和工作中碰到朋友、同事或上司提出伦理上存疑的要求时，往往先考虑自己的决策会如何影响自己在对方心目中或自己所处团队中的形象。担心成为别人眼中"不合作""不善变通"或"迂腐、幼稚"的人是很多人在伦理上做出妥协的原因，哪怕这种妥协和他们内心的"道德指南针"相悖。这种担忧并非子虚乌有，但很多时候人们都高估了（因为坚持原则）拒绝他人对自己在社交或团队合作中的负面影响。人与人之间的交往和相互评价是相对长期的。在一件事情上诚恳地表示"对不起，你的要求和我的原则不符"，不一定会决定本人在对方心目中的最终印象。很多时候，明确表达自己的原则和底线有助于双方的沟通与合作。笔者不止一次收到过合作者发来的诸如"我未来3周休假，不能及时回复邮件"或"晚上6点以后是我的家庭时间，恕不参与工作讨论"等回复。这些回复不仅没有让笔者感到不适，反而增进了合作者之间的理解和信任。

第二，职业生涯的成就不取决于一时一地的成败。不少学生在课堂讨论中表示，因为坚持伦理原则而导致与上司的要求相悖的情况可能会危及自己的职业发展。这种可能性确实存在，但不宜夸大。上文已提到，上司对下属的评价未必取决于某一次决策。相反，如果经常性地出现工作单位或上司的要求与自己的伦理原则相悖，那么这份工作可能并不适合自己。职业生涯是一个跨越几十年的周期，在这个过程中更换岗位、单位，甚至职业类型都并不稀奇。工作的内容和环境与从业者自身价值观的相容性也是影响职业生涯成就的重要因素。

第三，坚持原则不一定要用生硬的方式。笔者有朋友在公共部门工作。遇到年节假期想约朋友小聚，有时收到回复"单位有要求，节假日期间不宜聚会，择时再聚"。这样的婉拒合情合理，并不影响朋友间的友情。有时，坚持原则还需要耐心和智慧。职员A的公司与国外企业开展合作，对方要求双方所签订的合作协议一定要由专业的翻译公司翻译并盖章确认。A的公司以前使用过翻译公司的服务，知道对方并不提供翻译（除非额外收费），而只是在 A 自行翻译的文件上盖章"加持",并且价格不菲。因此,公司授意 A 把翻译公司上次的盖章"复制"到新的协议上。这样的要求不符合诚信原则,也不符合相关法律规定。但是 A 分析,仅以诚信为由可能难以说服上司。根据之前读到的一则关于行政诉讼的新闻,A 向上司提出,"复制"公章图像,翻译公司可能不会知情,国外的合作企业当下也未必追究。可是,将来的合作中一旦出现纠纷,如果这份协议被提交给仲裁机构,那么虚假公章可能给公司带来很大的败诉风险。A 的说明使上司意识到,是否购买翻译公司的服务,不是翻译费用和零成本之间的选择,而是翻译费用与潜在的商业风险之间的选择,于是同意 A 按照程序购买翻译服务的提议。

1.6　小结

课程与教学的研究提醒我们,若没有清晰的课程学习目标的指引,教师很难确定努力的方向,容易迷失在琐碎、被动且收效甚微的教学改进活动中。在设计一门新课或对已经开设的课程进行改进时,首要的任务是清晰定义课程学习目标并评估目标的适切性。明确的课程学习目标为教学活动("如何实现目标")和学习评价("目标达成度如何")的设计指明了方向。

工程伦理的教学不是在真空中开展。因此,在界定"工程伦理"课程的学习目标时,需要综合考虑学校的课程体系、学生的发展阶段和学习需求以及工程职业共同体对工程师伦理素养的要求。教师可以用"迭代"的方式,根据课程教学实践和学生的学习收获动态地调整和更新"工程伦理"课程的学习目标。

参考文献

[1] KRATHWOHL D R. A revision of Bloom's taxonomy: An overview[J]. Theory Into Practice, 2002, 41(4): 212-218.
[2] LØVLIE L, STANDISH P. Introduction: Bildung and the idea of a liberal education[J].

Journal of Philosophy of Education, 2002, 36(3): 317-340.

[3] MCTIGHE J, WIGGINS G. Understanding by design (Expanded 2nd ed.)[M]. Alexandria: ASCD, 2005.

[4] STREVELER R A, SMITH K A, PILOTTE M. Aligning course content, assessment, and delivery: Creating a context for outcome-based education. In Outcome-based science, technology, engineering, and mathematics education: Innovative practices[M]. Hershey: IGI Global, 2012.

[5] TUANA N. An ethical leadership developmental framework. In Handbook of ethical educational leadership[M]. New York: Routledge, 2014.

[6] U.S. Food & Durg Administration. Expanded Access[EB/OL]. (2024-02-28)[2025-03-29]. https://www.fda.gov/news-events/public-health-focus/expanded-access.

[7] World Health Organization. Ebola virus disease: Vaccines[EB/OL]. (2020-01-11)[2025-03-29]. https://www.who.int/news-room/questions-and-answers/item/ebola-vaccines#:~:text=The%20Ervebo%20vaccine%20has%20been, Democratic%20Republic%20of%20the%20Congo.

[8] 赵蕾, 常桐善. 中美工程专业本科生学习行为特征分析 [J]. 高等教育研究, 2020, 41(5): 97-109.

第1章 课程学习目标

知识链接 1-1　工程伦理课程学习目标分类举例

学业层次	知识	技能	价值观	可迁移能力
本科	(1) 举例说明什么是伦理问题和伦理决策 (2) 简述开展伦理分析时应考虑的主要原则 (3) 说明工程师职业伦理的主要要求 (4) 举例说明个人、组织和社会环境等因素对工程决策的影响	分析伦理问题所牵涉的利益相关方	(1) 在给定的情境中分析不同利益相关方的价值诉求和利益诉求 (2) 从品格、规则或结果的角度讨论工程决策的正当性 (3) 反思价值观对自身发展的影响	(1) 有理有据地表达自身的观点和立场 (2) 有效地倾听，总结和评价不同的观点和视角 (3) 运用理论概念解释和分析社会与日常生活中的现象
硕士研究生	(1) 解释伦理的概念 (2) 举例说明主要伦理理论之间的区别 (3) 熟悉本专业领域的工程师职业伦理章程 (4) 举例说明本专业领域工程技术研发和应用所涉及的伦理问题	(1) 运用系统性框架分析复杂伦理问题 (2) 识别工程项目对社会、环境和伦理规范的影响	(1) 举例说明组织文化和价值观对工程决策的影响 (2) 在考虑多元价值诉求前提下评估工程决策	(1) 用公众能理解的语言解释专业技术问题 (2) 与不同背景的合作者协同工作
博士研究生	(1) 说明伦理概念和伦理原则对工程实践的指导作用 (2) 针对具体工程场景，从不同伦理理论视角出发表达立场 (3) 评价工程师职业伦理章程并提出改进建议 (4) 举例说明工程职业共同体的社会责任 (5) 讨论本领域技术前沿进展的伦理风险和预防措施	运用适当的调研方法识别用户对工程产品和服务的需求	(1) 解释具体工程项目的社会伦理价值 (2) 在考虑多元价值诉求的前提下选择适切可行的工程方案	(1) 有效收集公众对工程发展的诉求和建议 (2) 掌握科学的决策方法 (3) 掌握对组织文化开展分析施加影响的方法与工具

17

第 2 章
教学活动

引言:"课件没法复习"

2021 年春季学期,笔者首次在清华大学开设本科通识课"工程伦理"。课程进行了 3 周后,1 位学生找到笔者提出质疑:"老师,您的课件上面的字太少了,我课后没法复习。"

笔者:"我们每节课都布置了课前阅读,比较偏理论的内容在阅读材料里都有介绍的。"

学生:"阅读材料的篇幅比较长(笔者注:每节课的阅读量大概是 1~2 篇文章,共计 10 页左右,中英文都有),希望您能在 PPT 上把重点内容用文字归纳出来。"

笔者:"我们的课程要求是,由学生自主决定什么是每节课的重点,记录那些你认为有用或有收获的内容。"

这位学生没有被说服,后来选择了退课。

作为教师,不能充分照顾不同学习者的需求是一件憾事。然而,教育学和科学传播等领域近乎一致地指出,文字过于密集的 PPT 不仅是低效的教学媒介,甚至成为有效沟通的障碍,因为它使得听众把注意力过多地倾注于对文字的阅读和理解,而不是放在授课教师身上(Alley, 2003)。基于主动学习的理念,笔者课上所使用的 PPT 扮演的不过是一个"托盘"的角色,真正的学习来自托盘上所装载的各种教学活动。本章介绍工程伦理教学中常用的 3 种教学活动:课堂讨论、案例分析和课堂练习。这些活动的组合为教师避免长篇的讲授,创造学生主动参与的学习体验提供了选项。

2.1 课堂讨论

2.1.1 调动学生参与课堂讨论

每到春季学期选课的时候，笔者都会请前一年修过"工程伦理"的学生帮忙宣传和推荐课程。这些学生已经获得了成绩，和授课教师之间不存在利益冲突。距离课程结束已经过去1个学期，也让他们有机会回顾和消化自己的课程体验。因此笔者将这些学生的推荐语看作对课程较为可信的反馈。首次开课后，一位学生给出的推荐语是："我对课程最大的感受是课程自由讨论的氛围特别好，很少在其他课程中这么自由地表达自己的观点、和老师同学交流。"让"工程伦理"课程成为一个充分讨论的空间是笔者设计课程的初衷之一，也体现了伦理教学的理念：伦理教育最重要的目标之一是培养能够建设性地参与公共讨论的公民。

传统的教学往往推崇准备充分、学富五车、出口成章的教师。很多学生对"好课"和"硬课"的期待也主要是教师通过讲授进行密集的知识输出。有学者还提出"中国学习者"的概念，认为中国特有的文化传统和教育理念使得那些课堂上最投入、学习最有成效的学习者往往不是在课上活跃发言的学生（Watkins et al., 1996）。笔者无意介入相关的辩论，只想指出，有效参与讨论的能力（包括富有包容心的倾听和有理有据地发表自身意见）本身是需要学习和持续练习的。我国的大学课程总体上给予学生发表意见的机会偏少。不少擅长沟通的人主要通过课外活动或毕业之后进入职场才得到较为充分的锻炼。事实上，学会倾听他人和有效地表达自己的观点是教育的重要目标。课堂讨论不仅训练沟通表达的技巧，也锻炼学生审度自己和他人的观点，进行反思性学习的能力。风靡全球的哈佛教授迈克尔·桑德尔的"正义课"上，就有很多学生在发言中对自身观点进行反思和修正的精彩瞬间。"正义课"在哔哩哔哩的播放量超过了百万次。它提醒我们，随着教育技术的发展和优质在线教学资源的增长，线下课程的内容本身已不再具有无可比拟的优势。然而，线下的课堂上，学生在一个近距离的共同体中被倾听和回应，使自己的思想被激发、检验、修正和拓展，是线上学习不能轻易提供的。这是课堂讨论较为独特的魅力所在。

本书前言中提到，伦理教学不是说教。工程伦理教育的目的不是向学生灌输一套固有的价值观，而是邀请学生共同探究工程实践和工程职业共同体当中应当树立和维护的伦理标准。1名学生曾在微信朋友圈里这样推介笔者的"工程伦理"课程："首先老师是非常愿意和同学们讨论的，并且老师的教学方案也是非常有条理的那种，可以让我们用一种更系统的角度去思考关于工程中出现的伦理问题。如果对于作为一名科研人员的责任的边界以及在社会中受到的束缚方面有自己的疑问和思考的话完全可以去讨论。老师并不会刻板地引导学生走向某种结论，而是会让学生掌握一套客观思考问题的方式。"培养主动思考的学习者需要给予学生"话语权"，让他们发出自己的声音。这是课堂讨论在"工程伦理"课程中扮演重要角色的另一个原因。

从教学反馈的角度来看，学生在课堂讨论中所表达的观点和展现的状态，是了解学生学习情况的重要信号，为"形成性评价"（详见第3章）提供了宝贵的素材。例如，笔者在"工程伦理"课上布置了James Rachels所著的 The Elements of Moral Philosophy（fourth edition）的相关章节作为课前阅读。在课堂上，笔者会针对阅读内容布置一些概念解析的问题，请学生在小组讨论后向全班分享。根据学生讨论的结果，可以评估学生对概念的理解程度，有针对性地补充讲解。

不可否认，讨论式教学在课程设计和教学实施方面并不轻松。在以讲授为主的课程中，教师的备课集中于对授课内容的选择和对呈现方式的打磨，而以开放式讨论和小组学习活动为主的课堂教学则要求教师更多地预判学生的反应并进行针对性的设计。两种教学思路在一定意义上可以概括为"以塑造教师（行为）为主"和"以塑造学生（行为）为主"。比起塑造教师自身的行为，塑造独立于教师的学生的行为会面临更大的不可控性。讨论式教学可能碰到一些颇为棘手的挑战。此处列举几种主要的挑战及可能的应对思路。

2.1.2 挑战1：冷场

课堂上的集体沉默是对教师最严苛的惩罚。教师每次向学生抛出一个问题都像是一次冒险：教室里宁静的空气像一片要将提问者吞噬的海洋，此时的教师别无他法，只能屏息束手、略带绝望地等待学生姗姗来迟举起的手臂来挽救这致命的尴尬。这种宁静的折磨是不少教师对主动学习"望而却步"的重要原因。那些在课堂上缓缓举起的手是教师的福音。当这样的幸福迟迟不现身时，不少教师会选择：①自己说出答案；②点名回答。这两种方式都不利于营造课堂讨论的氛围。教育研究者对课堂提问和师生互动进行了系统分析，其核心结论是：教师不应该填补课堂上的"静寂"，当教师提出的问题得不到回应时，应该静静地等待（Takayoshi et al., 2018）。原因有三：第一，学生需要思考的时间，尤其是当教师提出开放性或较有深度的问题时。如果在春季学期的第一堂课上提问："各位同学寒假有没有回家？"可能会有不少学生迅速地回应。但如果提出的问题是："各位同学在寒假期间，有没有经历过对自己的决定产生怀疑的时刻？"则有更大的概率遭遇沉默。这种沉默未必说明学生对老师的问题不感兴趣，可能学生在更加深入地回顾和思考自己寒假的经历。在这种情况下，与其为了打破沉默而自行抢答，不如留给学生更多思考的时间。第二，对教师来说，心平气和地与寂静共处还有另一种效果。事实上，学生也能体会到沉默的课堂所带来的尴尬和紧张，如果教师的定力足够，往往有学生为了打破这种沉默而发言。笔者在课上提出问题后通常会一直等待，几乎每一次都有学生举手作答（虽然等待的长短有别）。第三，等待不仅是一种心理策略，也展示了教师的态度，表明教师的提问不是一种仪式性的点缀，而是真诚地希望听到学生的观点。

1. 避免点名的"惩罚"

点名作答是教师常用的方式。在课上点名对于吸引学生的注意力有一定作用：为了防止被点到时不知所云，学生会更有动力去关注课程的开展。然而，在提问后无人作答的情况下为了打破沉默而点名，可能显得尴尬。在这种略带张力的情况下被点到的学生，也可能有轻微的受罚的感觉（在最近与学生的交流中，两名在课上相当活跃的学生表示：有的学生会期待点名，因为不经老师邀请主动发言会显得过于表现自我。这些反馈让笔者重新思考点名的作用）。

当然，如果在课上提出的每个问题都伴随漫长的等待，会使课堂的节奏变得沉闷和缓慢。面对这种情况，可以考虑一些其他的讨论形式。一种常用的方法是"think-pair-share"。在提出一个思考题之后，请所有学生用一分钟独自思考（think），然后和身边一位同学结伴（pair），花两分钟交换彼此的想法，之后再请学生向全班分享（share）两人讨论的情况。很多学生在课上不愿意发言，是因为担心自己没准备好，表达的想法不够完善。"think-pair-share"的形式为学生参与讨论做了两方面的准备：第一，给予了学生自主思考和通过一对一的交流完善自己想法的时间；第二，事先明确了活动的过程，让同学做好发言的心理准备。教师还可以将最后的课堂分享表述为"简单总结刚才和同伴的讨论"，而不是"发表你的看法"，以进一步降低学生的负担。

"think-pair-share"的形式还可以根据课堂的情况进行调整。例如，把学生编入3~5人的小组，请学生独立思考1分钟，然后在小组内讨论3~5分钟，最后请各组推荐1位代表来总结组内的讨论。这样的安排保证了每个组都有人面对全班发言，而不会觉得自己"被针对"。为了让比较内向的学生得到发言机会，也可以提醒各组"推荐平时较少代表全组发言的同学来总结"。"think-pair-share"还可以和其他的学习活动相结合。比如在介绍"利益相关者"的概念时，可以请每个组绘制关于某个技术的利益相关者的概念导图，然后请每个组推选1位代表向全班介绍本组的概念导图。

2. 讨论空间的营造

除讨论的内容和形式之外，教室的空间和座位等细节也会影响讨论的氛围。笔者初次开设"工程伦理"课程时，分配的教室是商学院MBA课程经常使用的阶梯教室。教室的面积很大，设施很先进，装修也很考究。然而这样的空间并不适合课堂讨论。学生坐在平行的固定座位上，不方便面对面地交流。因为教室空间很大，学生之间坐得较为分散，彼此间物理距离的拉长也造成了心理距离的疏远，进一步弱化了对话的氛围。经过这个学期之后，笔者在每次开课申请中都选择具有"可移动桌椅"的教室，确保学生可以在讲授时面向教师，在分组讨论时迅速调整座位形成小的"对话圈"，在学生发言或利用教室的白板进行讲解时，面向发言人。

2.1.3 挑战2：课堂的节奏

以讨论为主的课程教学面临的另一个重要挑战是课堂节奏的把握。教师在备课时所规划的课程内容和教学活动往往受到课堂讨论的考验与冲击。学生可能围绕某个话题滔滔不绝，而对另一话题无话可说。在分组讨论中，一些组已经安静下来，而另一些组还意犹未尽。这些挑战揭示出讨论式教学和其他基于主动学习的教学方法需要遵循的一条非常重要的原则：**学生的主动学习不等于教师对课堂主导权的放弃**。在课堂上，学生进行自主讨论的时间并不是教师的"休息时间"。一场讨论从发起到结束，都应该体现教师的设计。教师也可以根据课上的观察加入一些"即兴"的设计，就像经验丰富的话剧演员会根据观众的反应即时调整自己的表演。

下列方法有助于使课堂讨论的节奏更加紧凑。第一，限时讨论。请学生分组围绕具体主题讨论5~7分钟。教师可以计时，并在临近截止时提醒各组总结讨论的要点。第二，将开放式讨论和其他学习活动相结合，使得讨论更具目的性和结构性。上文所提到的利益相关者概念导图的绘制，以及第4章将介绍的伦理立场综合分析的练习，都是将自由讨论和结构性任务相结合的例子。第三，为小组讨论设定明确的目标。例如，在小组讨论课前阅读材料时，给每个小组分配不同的章节或段落，请各组在讨论结束时向全班分享对相关章节或段落的理解。在学生开展讨论时，教师可以在不同小组间移动，旁听各组的讨论，在适当的时候简短地加入对话。如果看到某个组过于沉默，可以抛出一个启发性的问题，或者询问小组成员是否有突出的困惑。如果观察到某组的讨论过于发散，可以提醒学生回顾讨论的目标。

2.1.4 挑战3：学习的深度

如何实现有深度的学习是讨论式教学面临的另一个重要挑战。热烈的讨论本身会给师生都带来大量的情绪价值，但这些情绪价值不能代替学习目标的实现。有效的课堂讨论有助于调动学生参与、呈现多元视角、促进同辈学习（Hamann et al., 2012），然而，讨论式教学也面临"有广度而无深度"的风险。如何通过课堂讨论提升学生思考的深度？讨论式学习更适合哪些类型的学习目标？教育学和认知科学的研究对这些问题提供了一些线索，但还未形成系统性的结论。此处分享一些不完备的理解：第一，课堂讨论不是闲聊，而应该围绕既定的学习目标来开展；第二，教师应该用适当的方式引导学生对讨论中呈现的观点进行整理、比较和评析；第三，教师可以在学生发言的基础上进行拓展，或揭示讨论的发现与其他课程内容之间的联系。例如，笔者曾在课上请学生讨论：教师、护士、便利店主、医美、军人、电子竞技等工种，哪些可以称作职业（profession）？在学生表达自己的判断之后，笔者进一步请学生思考这些判断背后的标准，并将学生的标准与社会学理论认为的构成职业的基本要素进行对比。

2.1.5 挑战4：控制的让渡

讨论式教学意味着教师角色的重构。创造真诚、开放、平等讨论的环境要求教师在一定程度上放松对课堂的控制。这种控制权的让渡表现在对不同观点的包容和对课堂进程的柔性把握上。

对伦理问题的讨论中容易出现相对主义的观点。一些学生可能会认为，平等的讨论意味着没有哪种观点比别的观点更加正确，也有的学生可能会刻意发表一些"不正确"的观点。在保持多元开放的讨论氛围的同时，弘扬正确的价值观，是教师面临的挑战。很多伦理问题没有标准答案或最优解，辨析和呈现问题的复杂性与相关的多元伦理立场的过程也是培养学生伦理想象力的过程。与此同时，工程伦理课应该弘扬职业伦理的精神。这些看似相互矛盾的目标考验教师的伦理想象力和创造力，需要他们对不同观点的性质做出辨别。在事关政治立场和工程师职业伦理底线的分歧面前（例如是否要维护公共安全和健康），教师必须表明自己的立场并毫不含糊地指出对立观点的错误。然而，在讨论那些多元价值共存、没有明确政策或法律规定的主题时，教师需要展现"和而不同"的度量。笔者课上的学生曾对"产品安全责任的范围"产生争议。一方认为，如果工程师在产品说明书上明确指出了需要避免的不当操作，就不需要为因操作不当而受伤的用户负责。另一方认为，如果工程师明知常见的不当操作具有安全风险而没有通过设计和制造等环节改进产品的安全性，仍应当为用户的安全后果负责。主张免责的一方从公司成本收益的角度出发，认为过度主张工程师的安全责任会抬高产品的成本："因为责任范围的扩大导致公司亏损或倒闭，安全的产品最终也会从市场消失。"坦白说，这种"成本免责论"让笔者感到不安（如果我是用户，能够信任持有这种立场的工程师所设计的产品吗？），但作为教师，笔者并没有下场，针对这些观点进行辩论，而选择与这样的不安共存。这种不安提醒我们：许多伦理问题还没有完备的答案，需要通过持续的审度和对话来增进理解。

学生因为课上讨论而产生冲突的情况也考验教师主持课堂的能力。在一堂"工程伦理"课上，围绕"如何评价人工智能带来的生产效率提升"，学生的意见逐渐分为两派：一派强调增加生产效率的积极意义，另一派则关心人工智能代替人工所引发的失业和社会公平问题。两派不断列举支持己方立场的证据，讨论逐渐变得漫长而松散。当关心失业问题的一方试图论述工作是劳动者的固有权利时，对方的一名学生插话说："这个道理已经来回说了好几遍，不用再重复了，别耽误课程的进度。咱们还是听老师的吧。"听到这句话，一位原本沉默的学生立即反驳："你凭什么假借老师的名义剥夺别人发言的权利？"双方紧接着就讨论的规则展开了辩论。一方认为，重复同样的观点不能为讨论做出贡献，另一方则坚持维护发表看法的权利，课堂氛围渐趋紧张。当双方的学生激烈交锋时（并没有不礼貌的言行），笔者在一旁安静地倾听，直到双方的激情大致耗尽，逐渐安静下来之后，笔者才简单总结了双方的观点（生产率提升 vs. 社会公平），随后引入下一个议题。当学生在思想和情感上高度投入辩论时，笔者选择淡化教师主导课堂的角色，由学生自行处理观点的冲突。由观点之争引发情绪对立的情形很常见（网络上充斥着这类冲突），因此，在这样一个非常具有现实意义的冲突中，笔者选择让渡教师的"控制权"，不对双方进行干预。事后复盘课上的情形，笔者意识到，如果在最后总结双方观点之余，点明学生所经历的从观点对立到情绪冲突的过程，可能更有助于学生反思自身的立场。

2.2 案例教学

案例分析是伦理教学的一大特色。伦理教学案例具有非常鲜明的特点：①有针对性的信息呈现。伦理案例不是平铺直叙地介绍事情的来龙去脉，而是经过编辑和处理，能突出关键信息的叙事；②具有决策需求。案例中的主人公往往面临一系列重要的决策；③包含较为复杂的价值观或利益冲突。因为其复杂性，分析案例时需要梳理相关信息并评价信息的相关性和重要性。面对相互冲突又各具合理性的诉求时，决策者要做的不是"非黑即白"，而是综合权衡多方立场的选择。很多伦理案例不是让读者在正确和错误选项之间做抉择，而是在"可以理解的"和"更恰当的"选项之间或"不太理想的"和"灾难性的"选项之间进行取舍。由于现实中的很多伦理选择也是在模糊、复杂、充满矛盾的情形中做出的，伦理案例的复杂性很好地呼应和模拟了真实伦理问题的特点。

有效的案例教学能帮助学生将抽象的伦理原则和复杂具体的现实问题联系起来，锻炼学生从复杂情境中提炼关键信息、开展系统分析的能力，在思想上和情感上调动学生的主动参与和反思。案例教学的效果高度依赖教师的设计和准备，在案例选择、案例呈现方式和案例分析的引导等方面做出针对性的安排。此处介绍伦理案例教学中需要考虑的 3 个关键因素：教学目标、教学对象和教学条件。

2.2.1 案例教学目标

此处用"案例教学目标"以区别于第 1 章所介绍的"课程学习目标"。

案例教学目标特指教师期望通过案例教学所实现的学生学习收获。案例分析适合展示和演练系统性的伦理分析。本书第 4 章介绍了一种名为"伦理推理"的分析方法（Tang et al., 2022），它系统地整合了伦理理论、信息收集和决策评估等知识与方法，很适合在伦理案例分析中使用。笔者曾多次在课堂讲授和分组讨论中运用伦理推理方法引导学生分析案例（详见第 4 章）。在为宾夕法尼亚州立大学理学院和工学院的教师开设的伦理教学工作坊中，伦理推理方法也受到老师们的欢迎，成为他们教授科学伦理和工程伦理的得力助手。

基于伦理推理的案例分析适合锻炼学生从伦理问题界定、信息搜集、原则运用到伦理决策的全过程思考。其他形式的案例教学则更加突出特定维度的伦理思考。例如，第 1 章曾经提到的"设计不能超速的汽车"的案例，适合锻炼学生运用不同的伦理立场分析工程决策的能力（该案例的思考题是：分别从品格、规则和结果的角度考虑支持与反对设计自动限速汽车的理由）。第 4 章还记录了其他凸显多种伦理立场的案例。这一类案例不要求学生提出完整的决策链条，而强调运用多种伦理理论来分析相关选项的优劣。

在教学中还可以用"分集呈现"的案例形式来启发学生反思自身思考的局限。不少学生在原则上接受伦理规则的合理性，但在具体生活情境中却习惯把基于关系的考虑放在伦理规则之前。案例 2-1 将以分为两部分的情景展示伦理规则在决策中的"保险"作用。

☞ **案例 2-1（情景 1）**

　　室友请你把小作业借他抄（占分 3%），因为他家庭碰到重大变故，也没法和老师沟通，这门课挂科会影响整个大学期间的努力（申请留学），他知道这门课很重要，暑假还要重做这次作业。你会如何考虑？

　　这个情景所呈现的信息（家庭困难、留学需求等）和学生的经历很接近，容易引发学生对案例中"室友"的共情。在课堂讨论中，大部分学生选择帮助室友。部分学生表示在帮助室友的同时要尽量遵守学术诚信的要求，采取帮助室友补习、出借课程笔记等措施而不会直接让对方抄作业；但也有部分学生在明确知晓学术诚信要求的情况下，选择把作业借给室友。后者决策的理由往往包含对权重的判断：他们认为，在一次小作业中坚持学术诚信的重要性低于室友的留学前景。

在学生对情景1发表意见之后，笔者引入后续情景。

☞ 案例2-1（情景2）

你让室友抄了你的小作业，然后你偶然发现其实这个同学偷偷在外面公司实习赚钱占用了大量时间。你会如何考虑？

多数学生在得知情景2中的信息后表达了不满或愤怒。然而，考虑到自己在情景1中已经为室友提供了帮助，所以此时倾向于不采取任何进一步的措施，只是在今后不再信任这位室友。此时，笔者追问："如果在情景1中你知道室友在外面实习的真相，会如何选择？"多数学生选择拒绝提供自己的作业。作为案例讨论的总结，笔者提醒学生：有人认为伦理规则过于呆板，在现实中根据具体情况采取"一事一议"的决策方式可能更加灵活有效。然而，人们对现实的判断受很多因素的干扰，如信息失真、压力、诱惑、疲劳等。面对这些不确定因素，伦理规则（如"始终坚持学术诚信"）能起到"保险"的作用，降低我们在决策过程中受到干扰的风险。

2.2.2 考虑教学对象

同类型的案例，在面向不同背景的学生开展教学时，也可以进行相应的定制和改编。2.2.1节关于学术诚信的案例是本科通识课使用的版本。在给非全日制工程专业博士讲授"工程伦理"必修课时，笔者使用了如下版本。

☞ 案例2-2（情景1）

王大夫在行医之余开展科研，最近有一篇论文被国际期刊接收。隔壁科室张大夫听说之后，向王大夫提出能否挂名做该论文的第三作者（排名最后）。张大夫说，自己的科研最近因为疫情不得不中断，但是职称评审眼看要截止，还差一篇英文发表。很抱歉这次无功受禄，但是自己的方向和王大夫有很多交集，之后打算开展长期合作。假如你是王大夫，你会如何选择？

☞ 案例 2-2（情景 2）

张大夫科室的同事透露，张大夫业余忙于在外"飞刀"，根本不做科研，他的几篇发表都是各处许愿求来的。假如你一开始知道这个信息，你如何选择？

案例 2-2 的两个情景同样分两步引入，也在课堂上引起了热烈讨论。此处的改编考虑了教学对象的特点。对于拥有丰富职业经验的非全日制工程博士学生，论文发表所涉及的科研诚信问题比案例 2-1 中关于作业的学术诚信问题更容易引起共鸣。课上的工程博士学生就有在医院工作的，对于职称、疫情（特定时期）、论文挂名等现象深有体会。当笔者在课上展示出案例情景时，引发了不少笑声，有人表示类似的情况在其他工程行业也并不鲜见。

没有充分考虑学生知识储备和生活经历的案例，可能影响教学目标的实现。笔者曾经为宾夕法尼亚州立大学的研究生开发关于数据伦理的线上学习模块，模块中关于实验室培训要求的案例翻译如下。

☞ 案例 2-3 "入学考试"

从 A 国的大学获得机械工程硕士学位后，佳羽即将在 B 国一所大学攻读材料科学与工程的博士学位。她希望能与杰克逊教授合作，后者是一位研究生物燃料电池的杰出学者。在看了佳羽的成绩单和简历后，杰克逊教授要求她搭建一个用于检测新型生物燃料电池的测试系统。杰克逊教授暗示，佳羽能否加入他的课题组，取决于她在这项任务中的表现。佳羽在攻读硕士学位期间曾使用类似的系统做过测试，但当时她是在导师和一名博士后的指导下开展的测试，并没有参与测试系统的搭建。此外，她不确定自己是否有资格在实验室独立操作，尽管杰克逊教授告诉她没问题（Tang et al., 2025）。

这个案例原本的目的是突出按规定接受实验室安全操作培训的重要性。不少工科院系安排新入学的研究生在各个课题组之间"轮转"，然后再根据师生之间科研兴趣的匹配来分配导师。案例试图展现一个对于 B 国高校科研文化和规章制度不熟悉的国际学生，在轮转过程中遭遇"明星教授"提出可能违反实验室管理规定的要求。这个案例引入国内"工程伦理"本科课程之后，学生的反应和笔者的预期有较大差别。第一，课上的学生认为杰克逊教授的要求仅仅在考验佳羽的实验能力，没有注意到佳羽在未经培训的情况下开展实验室操作所面临的安全风险和违规风险。第二，学生不熟悉不同高校的问责机制。当笔者在课堂讨论中提示，佳羽在未经培训的情况下开展实验室操作可能违规时，学生普遍回应，杰克逊教授已经告诉她没问题。学生认为，教授对规则具有解释权，而没有意识到实验室的管理受学校和院系的节制，教授本人也可能忽略或违背相关规则。第三，学生们没有意识到，杰克逊教授在佳羽还未加入课题组的情况下要求对方完成自己的科研任务是"不职业"的。面对这样的要求，佳羽应该谨慎考虑未来可能产生导学矛盾的风险。这个案例所涉及的有关跨国学术文化的背景知识和我国本科生的经验有较大距离，使他们难以识别案例中所蕴含的伦理问题。笔者在课上引入案例时没有及时充分地补充介绍相关的背景知识，造成了学生对案例的一系列困惑。

2.2.3 考虑教学的形式和条件

除案例的内容之外，对案例的篇幅和引入方式的选择也需要配合教学开展的实际环境。篇幅较长的案例往往对事件的发展过程有较为完整的呈现，有助于学生全面考虑伦理决策的多方因素。然而，如果学生没有事先准备，直接在课上接触长案例，可能需要较长的时间来消化案例的信息，也容易在案例分析讨论中遗忘相关细节，影响讨论的效率。针对同一素材，可以根据教学形式和教学条件的需要，使用不同版本的案例。2014年，日本科学家小保方晴子与合作者涉嫌学术不端，造成一系列严重后果（小保方晴子的博士学位被撤销，其研究所的导师笹井芳树自杀，日本理研所的所长也引咎辞职），在科学界引发高度关注。笔者在不同场合的伦理教学中使用过根据相关事件改编的案例，都引起了热烈讨论，启发了学习者深入思考科研诚信背后的系统性问题。针对不同的伦理教学场景，笔者分别使用了两个不同长度的案例版本。关于小保方晴子事件的长案例采用了《卫报》的报道"是什么推动科学家撒谎？小保方晴子令人不安却并不陌生的故事"（Rasko et al., 2018）。这篇 8 页的报道梳理了小保方晴子事件的主要过程；回顾了历史上知名科学家违背科研诚信的例子；质疑了事件中更有权势的资深科学家对小保方晴子施加的不当影响；也批评了日本媒体在事件前后夸大渲染当事人年轻女科学家身份以吸引眼球等有违新闻伦理的行为，是一篇相对完整、客观和深入的报道。由于篇幅较长，用这篇报道作为案例时，需要参与讨论的学生事先熟读报道内容，以便在讨论中快速调取相关信息。笔者在俄亥俄州立大学土木工程系的研究生研讨课和宾夕法尼亚州立大学 Upward Bound 项目的研究生助教培训营中使用了这篇报道作为案例并取得不错的教学效果。两次教学活动中，学生的特点以及教学的形式与所选的案例具有较好的适配性：①学生和助教都是自主选课或志愿加入公益项目，学习动机较强；②课前布置了案例材料，学生认真完成了阅读；③作为英语教学项目中的研究生，能较好地理解长篇报道的内容。

在为宾夕法尼亚州立大学工学院教师开设的伦理教学工作坊中，笔者自行编写了一个关于小保方晴子事件的案例。工作坊在春季学期结束前召开。考虑到出席工作坊的不少教师正忙于批改期末考卷，没有充分的时间事先阅读，改编的案例 2-4 力求在简短的篇幅里呈现出伦理分析所需要的关键信息，以便在工作坊的现场安排教师们阅读和讨论案例。虽然改编的案例只呈现了事件的梗概，但是参与工作坊的教师对这个引起科学界热议的事件并不陌生。在场的一位生物医学工程系的教师曾试图复现小保方晴子课题组的实验结果（并发现结果无法复现），另一位参加工作坊的日裔教授，援引日文媒体的报道对事件的相关信息进行了补充。在工作坊的教学环境中，案例的作用更像一个"引子"，调动了在场的教师对科研诚信背后的组织文化因素进行讨论。

☞ **案例 2-4　无法复制的研究：STAP 细胞丑闻**

2014 年，小保方晴子成为世界上最引人注目的干细胞研究人员之一。小保方晴子从早稻田大学获得应用化学学士和硕士学位并继续攻读博士学位，专注于干细胞研究。在博士学习期间，小保方晴子在美国哈佛大学教授 Charles Vacanti 的实验室进行了两年的研究，Vacanti 最早提出了刺激诱导多能性（STAP）细胞的概念。STAP 细胞理论表明，在适当刺激（如压力）下，普通体细胞可以转化成干细胞，而干细胞能够生长成人体任何类型的细胞。

2011 年，小保方晴子获得了早稻田大学化学工程博士学位，著名的理研所再生中心迅速聘请她领导一个致力于制造 STAP 细胞的实验室。2014 年 1 月，小保方晴子及其合作者在《自然》杂志上发表了两篇论文，声称作者发现了一种简单的方法制造 STAP 细胞：只需将体细胞浸泡在弱酸性液体中即可。由于这一发现代表了干细胞研究的重大突破并显示出巨大的商业潜力，科学界很快将小保方晴子视为干细胞研究的明星。

然而，小保方晴子的成功非常短暂。在她的文章发表后不久，《自然》杂志的读者发现，文中的一些图像经过了不当处理，论文中一些文字是从以前的出版物中复制的。理研所通过调查得出结论，小保方晴子存在研究不当行为。2014 年 7 月，《自然》杂志撤回了这两篇文章。与此同时，一个更加令人不安的问题出现了：没有其他实验室能够按照小保方晴子报告的方法复制她的实验结果。小保方晴子是否成功地产生了 STAP 细胞变得越来越不可信。2014 年 3 月，小保方晴子在美国的导师和《自然》杂志的合著者 Vacanti 称 STAP 细胞很容易制造，并在其实验室网站上发布了培养 STAP 细胞的方案，但其他人也无法按照他的方案培养出 STAP 细胞。理研所要求小保方晴子领导一个团队在受监控的环境中复制她的实验。经过几个月的研究，小保方晴子宣布她无法复制结果，并辞去了她在理研所的职务。理研所后来的调查结论是，小保方晴子研究中被认为是 STAP 细胞的干细胞实际上是从其他地方获取的胚胎干细胞。

STAP 细胞研究丑闻引发了一系列严重后果。2014 年 8 月 5 日，理研所副主任、小保方晴子的导师笹井芳树自杀。2015 年 3 月，诺贝尔化学奖得主野依良治辞去了理研所负责人的职务。2015 年 11 月，早稻田大学撤销了小保方晴子的博士学位。据估计，理研所在失败的 STAP 细胞研究上花费了大约 1.45 亿日元（Tang et al., 2025）。

2.3 课堂练习

2.3.1 练中学

笔者在攻读博士期间，曾经为 Edward J. Woodhouse 教授的本科课程"科学、技术与社会导论"做过 7 个学期的助教。Woodhouse 教授经常在课前长时间地待在打印室里，打出厚厚一叠课堂记录单带到教室。每一页课堂记录单通常包括 3~4 个问题或关键词，每个问题或关键词之间留出了大片的空白。Woodhouse 教授要求学生使用这些课堂记录单来做课堂笔记，每学期会定期收集和批阅学生的笔记。这些课堂记录单为学生组织课堂笔记发挥了路标的作用：使用课堂记录单的笔记不是照抄讲义，也不完全是学生的自主总结，而是提供了一种半结构化的笔记形式。

主动学习的一个重要途径是"练中学"，让学生通过课堂练习来体会、充实和拓展课前阅读或课上讲解的内容。笔者在"工程伦理"课上穿插了大量练习，要求学生以个体或小组的形式，对课程内容进行辨析，或通过搜集新信息来完成一些耗时较短的微型任务，并将自己思考和研究的结果以课堂记录单的形式进行记录。课上所使用的课堂记录单的主题包括认识自己（详见第 4 章）、案例分析、课程项目选题（详见第 3 章）、产品设计分析（详见第 7 章）等。作为辅助学生思考的"支架"，课堂记录单的完成不作强制要求，但鼓励学生根据自己的意愿，选择相关的课堂记录单并收录到自己的"学习档案袋"中（详见第 3 章）。

2.3.2 动中学

在为 Woodhouse 教授做助教时，笔者一直在思考：在数字化学习工具已经普及的时代，为什么仍要求学生用纸笔做笔记？随着笔者对认知科学研究发现的了解和自身教学经验的增长，这个问题逐渐有了答案。用纸笔做笔记包含了两个有助于主动学习的元素：实体的学习工具和学习者的身体动作。英文中主动学习（active learning）的概念强调学习者的活动（active）状态，这种活动状态包括大脑的活跃和身体的运动（Macedonia, 2019）。实体教学工具的使用和学习者身体的运动带来课堂节奏的变化，能提升学生的注意力。例如，概念导图的绘制让学生离开座位围绕在小组的导图旁，并频繁地拿起画笔做出绘图的动作。比起坐在座位上被动地观看教师的 PPT 演示，导图绘制的练习在空间上拉近了学习者与学习对象的距离，进一步调动了学习者身心的参与。此外，课堂练习使学生从被动的信息接受者转变为学习活动的主角，通过搜索信息、开展分析、记录结果和回答问题等活动化身知识的创造者。这种学习体验潜移默化地增强了学生主动学习的意识。不同类型的课堂练习也为学生体会和练习多种思维方式提供了机会。除了阅读、听讲、讨论等常见的基于文本的思考方式，还可以通过绘图、拍照、产品试用等练习，引导学生锻炼多样化的思维（如视觉思维）和表达方式。多元思维和表达方式的练习还有助于学生理解工程伦理问题的工程属性，因为工程活动不是单纯基于文本的工作，工程师经常性地综合运用图纸、数据、实物等多模态的素材开展分析和决策。

作为一种教学组织工具，小体量、开放式的课堂任务还具有调节课堂节奏的功能。课堂练习的开放性意味着开展练习的时长可以灵活调整。在时间有限的情况下，可以适当降低对练习任务深度和完成度的预期，以保证按时进入下一项议程。如果时间充裕，则可以给予学生更多时间来打磨和拓展自己的回答。针对时间弹性较大的讨论式教学，课堂练习可以充当"缓存"，帮助教师把握教学进度。笔者习惯于在每节课的末尾安排一个小练习，把课程的最后几分钟留给学生进行自主学习，并鼓励未完成练习的学生在课后找时间完成。这样安排的目的是保证准时下课，避免拖堂。

2.4 小结

基于主动学习的理念所开展的教学设计中，一个重要的任务是把传统上由教师讲授的内容转换为相应的学习活动，让学生通过参与活动来实现学习收获。对于工程伦理课来说，针对工程实践中伦理问题的讨论、案例分析和课堂练习有助于课程学习目标的实现。讨论式教学、案例教学和基于课堂练习的教学活动需要教师重新定义自己的角色，从知识的传授者转变为学习体验的设计者和学习活动的辅助者。教师角色的转变对真正实现"以学生学习为中心"的课程教学至关重要。

参考文献

[1] ALLEY M. The craft of scientific presentations [M]. New York: Springer, 2003.

[2] HAMANN K, POLLOCK P H, WILSON B M. Assessing student perceptions of the benefits of discussions in small-group, large-class, and online learning contexts[J]. College Teaching, 2012, 60(2): 65-75.

[3] MACEDONIA M. Embodied learning: Why at school the mind needs the body[J]. Frontiers in Psychology, 2019, 10: 2098.

[4] RASKO J, POWER C. What pushes scientists to lie? The disturbing but familiar story of Haruko Obokata[EB/OL]. (2015-02-18)[2025-03-29]. https://www.theguardian.com/science/2015/feb/18/haruko-obokata-stap-cells-controversy-scientists-lie.

[5] TAKAYOSHI P, VAN ITTERSUM D. Wait time: Making space for authentic learning[EB/OL]. (2018-07-19)[2025-03-29]. https://www.kent.edu/ctl/wait-time-making-space-authentic-learning.

[6] TANG X, MENDIETA E, LITZINGER T A. Developing an online data ethics module informed by an ecology of data perspective[J]. Science and Engineering Ethics, 2022, 28(2): 21.

[7] WATKINS D A, BIGGS J B. The Chinese learner: Cultural, psychological, and contextual influences[M]. Melbourne: The Australian Council for Educational Research, Ltd., 1996.

[8] TANG X, MENDIETA E, LITZINGER T A. The entrance exam[EB/OL]. [2025-03-29]. https://sites.psu.edu/ethicsofdatamanagement/unit-2-generating-data/2-generating-quality-data/#222.

[9] TANG X, MENDIETA E, LITZINGER T A. The research that can not be replicated: The STAP cells scandal[EB/OL]. [2025-03-29]. https://sites.psu.edu/ethicsofdatamanagement/unit1/lifecycle-of-data/#22.

第 3 章
学习评价

引言：拒绝"卷"字数

论文或研究报告是人文社科类课程中常见的作业和考查形式。近年来，关于学生在课程论文或报告的写作中"卷"字数的讨论频繁出现。一位学生告诉笔者，自己选修的一门公共课要求撰写 5000 字的期末论文，但很多学生提交的论文都超过了两万字。学生的考虑是：如果有一个学生提交的论文超过了规定的 5000 字，那么教师在评分时会以这篇更长的论文作为标本，自己只写 5000 字就会显得太短，很难得高分。在这种思路的指引下，学生之间相互比较，论文也越写越长。"卷"字数的现象背后是对学习评价的误解：学习评价的对象应该是学生对课程学习目标的达成度，而课程论文只是展现学习目标达成度的一种载体。除非课程学习目标中包含"长篇写作"，论文的篇幅和学习目标的达成度之间并没有直接的联系，论文评价的结果（分数）也不应和文章的长短挂钩。为了避免学生"卷"字数，笔者在教学中为所有的写作作业都规定了字数的上限。

在和工程伦理教师交流时，有的教师对设定字数上限的方式提出了担忧：如果学生写得太少，投入不够怎么办？也有教师同意根据字数来评价论文的方式不理想，但他们更关心的是，对于工程伦理这样具有较强的开放性、很多时候没有唯一正确答案的写作主题，除了要求字数，还有哪些适当的评价方式。本章首先介绍学习评价的概念和基本原则，并根据工程伦理教学的特点介绍一种适合评价开放性学习任务的工具——评分量规。随后，以清华大学本科通识选修课"工程伦理"为例，介绍课程中学习评价工具的选择、设计和实施情况。面对生成式人工智能给传统的学习评价方式带来的冲击，本章介绍笔者对生成式人工智能时代工程伦理学习评价的初步思考和应对。

3.1 什么是学习评价

学习评价是以检验和提升学生的学习收获为目标，通过收集和解析学业表现相关数据，反映学习目标的达成情况，并对改进教学提供反馈的系列活动（Black et al., 1998）。学习评价的范围很广，既包括课程作业、单元测验、期末考试等课内测试，也包括标准化的能力和水平测试、实习鉴定、竞赛成绩等课堂之外的评价。学习评价的结果（如成绩和排名）经常用于支持优秀学生选拔（如奖学金评选）、升学资质判定（如推研）、职业能力考察（如求职）等与学生切身利益相关的重要决策，因此也受到各方的高度重视。课堂教学中评价的目标主要包括：①掌握学生的学习情况；②为改进教师教学和学生学习提供反馈。学习评价（learning assessment）的研究提醒我们，学习评价的目的是尽量客观地观察和了解学生的学习情况，而不是在学生之间创造竞争。例如，课程成绩应该反映学习评价的结果，即学生对课程学习目标的达成度，而不应该根据学生之间的相互比较或排序来决定。按照学生的表现排序，或按照事先划定的优秀、良好和及格的比率来确定成绩的做法不符合学习评价的原则。

3.1.1 评价的构成：评价目标、呈现方式和解释标准

教师在设计和实施评价时需要回答 3 个基本问题：评价的目标是什么？什么方式可以展现学生的学习收获？衡量学生表现的标准是什么？评价的目标源于课程学习目标，但不一定和课程学习目标一一对应。相反，一个评价活动（如一次作业）可能对应一个或多个课程学习目标，也可能聚焦某个课程学习目标中的一个子维度或前置状态。例如，一道问答题可以评价"举例说明伦理问题"的达成度，而一篇短文写作可能同时评价"联系社会现象解释价值观选择"和"有效的书面表达"这两个学习目标。当课程学习目标的要求较为复杂时，也可以将目标分解为进阶性子目标的组合，分别评价各个

子目标的达成度。例如，针对"运用不同的伦理立场解释复杂情境中的伦理选择"，可以在阶段性的评价中要求学生"运用一种伦理立场"解释给定的情境或"运用基于品格的伦理立场"解释该情境。

确定评价目标后，需要选择和设计相应的评价活动，以便展现出学生对相关学习目标的掌握情况。试题的形式（选择题、连线题、简答题等）适合展现学生对知识点的记忆情况；评价学生运用相关概念或方法的能力则适合采用更加开放的案例分析、短文写作和口头报告等形式。值得注意的是，作为评价活动的作业或测试，其测量的目标一般不是学生的"工作量"。如果3道题能充分展示学生对某个学习目标的达成度，就没有必要布置4道题（注：此处仅考虑作业和测试的"评价"功能，为了巩固学习效果而布置的练习则应该有适当的工作量）。

通过评价活动记录了学生的学业表现之后，应该按照一定的标准，对学生的学业表现进行评定和解释。如果要求学生举出生活中体现价值观冲突的例子，那么相关的标准应该说明什么样的例子体现出优秀的"联系社会现象解释价值观选择"的能力，什么样的例子体现出良好水平。在评定学生表现时应该遵循明确的标准，并尽可能把这些标准分享给学生。

3.1.2 评价的原则

评价科学指出，设计和开展学习评价时应该尽力遵循3个原则（效度、可靠性和公平性）和1个"准"原则（成本）（AERA et al., 2014）。首先，要确保评价的效度（validity），即确认评价活动中所测量的对象准确反映了评价的目标。一个有些夸张的反例是，要评价学生的课程投入，却测量了每位学生的身高，这样的评价显然缺乏效度。然而，在常见的教学实践中，存在一些缺乏效度的评价，例如以论文的篇幅（字数）来评价学习成效。论文长度主要反映学生写作论文的时间投入（假设不存在违背学术诚信的复制粘贴）。当然，论文并不一定越短越好，观点的清晰表达，分析的充分全面等指标和文本的长度确实有一定的关联。在这些情况下，用观点的清晰度和论证的充分性等指标来评价学生的学习，比论文长度具有更好的效度。

学习评价的另一个重要原则是评价的可靠性（reliability），即评价结果能否不受外界环境的干扰而保持一致。假如一种评价方式能够可靠地评价学生识别伦理问题的能力，那么同一个学生无论在课上还是课外，在教室、宿舍还是图书馆，所得的评价结果应该相同，都反映该生识别伦理问题的能力。如果评价方式的可靠性（如限时的考试）受外在环境、测试条件等非学业因素的影响，就需要重新考虑评价方式的选择。

学习评价的第三个重要原则是公平性（fairness），即所有学生在评价活动中有同等机会展示自己的学习成效。如果一场随堂测验占用了下课之后的10分钟时间，导致下一节有课的学生不得不提前交卷，那么评价的公平性就难以保证。如果一场测验必须在安装了特定操作系统的电脑上进行，就会对没有相应操作系统的学生不公。面对这些情况，教师可以通过调整测验的时间或提供备用电脑等方式来保证评价的公平性。评价的公平性还体现在对学生在课程学习之外的知识背景保持"中立"。例如，在面向全校开设的通识课中，学习评价的内容应该照顾不同专业学生的知识背景，避免使用具有特定专业学科知识的题目。

除上述3个原则之外，评价的成本也是学习评价中经常需要考虑的"准"原则。满足效度、可靠性和公平性要求的评价方式可以较为准确地反映学生的学习目标达成度。然而，在教学实践中，对评价的效度、可靠性和公平性的追求往往要和评价的成本统筹考虑。对于一门二三十人的课来说，开发一套类似于中考或高考的标准化工程伦理测试题即便能满足效度、可靠性和公平性的要求，也会因为研发成本过高而难以实现。值得注意的是，评价成本并不限于教师或学校的投入。学生为完成评价任务所投入的时间，也是评价的成本之一。一篇高质量论文的写作，可能需要数月至数年的时间。由于课程管理（如提交成绩）的要求，课程论文往往具有较短的写作周期，因而评价标准需要做出相应调整。很多教师希望学生在自己的课上投入尽可能多的时间，但课程要求的确定，还需要考虑学生的其他课程、社团工作、休息、锻炼，以及其他成长性活动所需要的时间。即便是一门"硬课"，也需要在设定评价和考核标准时充分考虑学生在课程中的投入如何与他们的大学生活相适应。

3.1.3 适合工程伦理的学习评价工具——评分量规

工程伦理教学中经常使用案例分析、调研报告、论文写作等开放性任务进行学习评价。评分量规（grading rubrics）为开放性作业的评价提供了一种有助的工具。评分量规由评价指标、评分等级和表现描述3部分组成（见图3-1）。评价指标决定了对作业进行评价的具体维度，每一级评价指标可以根据需要进一步分解为几个次级指标。评分的级别可以采用等级制（A、B、C或"优秀""良好""及格"），也可以采用数字计分（五分制或百分制）。由评价指标和评分等级所组成的矩阵中，每一个单元格都描述了相应维度、相应水平的作业所具备的特点（表现描述）。评分人员可以根据表现描述，对学生作业在每一个评价指标上的表现进行打分。教师在设计作业任务时，可以根据作业的要求设计相应的评分量规；在布置作业时，可以将作业要求和评分量规一起分享给学生，以便学生对照评分量规完善作业的质量。

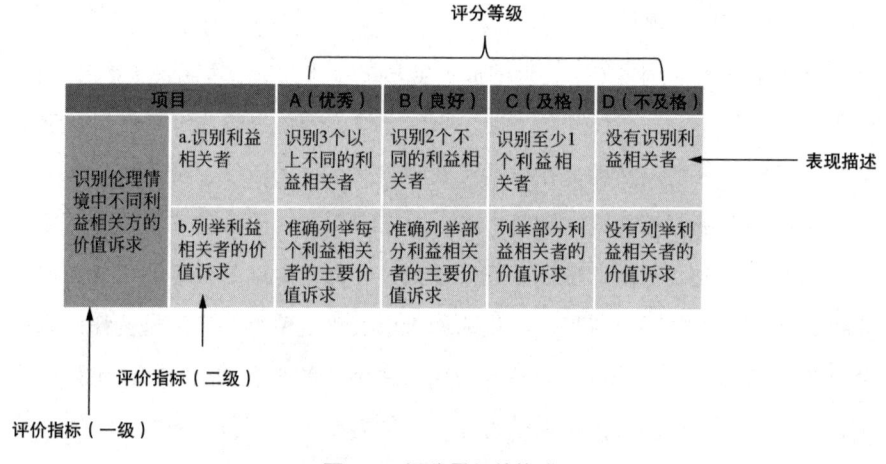

项目		A（优秀）	B（良好）	C（及格）	D（不及格）
识别伦理情境中不同利益相关方的价值诉求	a.识别利益相关者	识别3个以上不同的利益相关者	识别2个不同的利益相关者	识别至少1个利益相关者	没有识别利益相关者
	b.列举利益相关者的价值诉求	准确列举每个利益相关者的主要价值诉求	准确列举部分利益相关者的主要价值诉求	列举部分利益相关者的价值诉求	没有列举利益相关者的价值诉求

图 3-1　评分量规的构成

美国学院与大学协会（AAC&U）花费了数十年时间，组织相关领域的专家编制了一套VALUE（Valid Assessment of Learning in Undergraduate Education）Rubrics作为评价"原创性作业"的量规模版（American Association of Colleges and Universities, 2025）。VALUE Rubrics 包含 16 个示范性量规，分别评价公民素养、创意思维、批判思考、伦理推理、终身学习、全球性学习、信息素养、探究与分析、整合学习、跨文化知识和胜任力、口头沟通、问题解决、量化素养、阅读、团队合作和书面沟通。知识链接 3-3 提供了 VALUE Rubrics 中"伦理推理"量规的中文翻译。

在设计和使用评分量规进行学习评价时，有几个值得注意的事项。第一，评价指标的数量应该同作业的复杂度和所占分值相称。对于简单的作业不宜设置过多的评价指标，否则容易出现碎片化的评价，各个指标之间也可能相互"抵消"，使评价结果难以反映学生的学习成效。如果使用已有的量规或对量规模板进行改编，可以在评价简单任务时根据需要合并模板中相近的指标。第二，表现描述是评分量规的灵魂，应该尽可能清晰具体，避免使用过于概括的语言（如"高质量的分析""一般质量的分析"等），保证学生在完成作业时和教师在评价作业时都"有章可循"。同时，体现不同评分等级的表现描述之间应具有"互斥性"。以图 3-1 中的二级指标"识别利益相关者"为例，4 个评分等级中所描述的利益相关者的数量不重合，避免在评分时产生混淆（假如等级 A 要求识别 3~5 个利益相关者，而等级 B 要求识别 2~4 个利益相关者，那么对于识别了 3 个或 4 个利益相关者的作业，就难以进行等级判定）。第三，评分量规是结合定量和定性评价的工具，而不仅仅提供量化的评分标准。教师在评阅作业时，除了根据每一项评价指标给出分数，还可以就这些指标为学生作业提供针对性的反馈。例如，使用图 3-1 中的量规评价学生对利益相关者主要价值诉求的分析时，可以用"b：B"（列举了学生和教师的主要价值诉求，但是忽略了实验管理员的主要价值诉求）的形式反馈评价结果和改进建议。

3.2 "工程伦理"学习评价举例分析

清华大学本科通识选修课"工程伦理"的课程评价由 3 部分构成：

（1）学习档案袋（45%）；

（2）课程项目（45%）；

（3）出勤和课堂参与（10%）。

本节介绍3种评价方式的设计，并结合课程教学实践反思几种评价方式的实施成效。

3.2.1 学习档案袋

学习档案袋（portfolio）是近年受到教育研究者高度重视的开放性学习评价方式（Light et al., 2011）。档案袋的理念来源于艺术类教学和设计类教学中的学生作品集，由学生自行编撰，记录作品的创作过程（速写、底稿、设计草图、产品原型等）和最终呈现形式，多维度地展现学生的创作风格和艺术成就。与之相似，学习档案袋通过记录学习过程中的笔记、作业和心得等素材，展现学生的学习过程和学习收获。笔者在"工程伦理"课程中使用学习档案袋进行学习评价的目的有如下3个。

（1）**提升学生的学习主动性**。学习档案袋的总体要求是：展现学生在工程伦理领域的学习过程和学习收获；档案袋的形式、结构和内容由学生自行决定。学习档案袋要求学生对自己的学习情况进行回顾、分析和评估，自主判定什么是重要的、值得录入的学习活动和学习收获，借此引导学生进行反思，提升元认知能力。由于任务的开放性，选修"工程伦理"课程的学生在制作学习档案袋的过程中展现出多向度的思考和风格多样的表达。一些学生选择对课上讨论的内容进行述评，或运用课上介绍的概念和方法分析现实生活中的伦理问题；有的学生在记录课程内容之余收录自己课外阅读中有关伦理或哲学的读书笔记；有的学生利用学习档案袋反思自己的学习习惯和学业规划的执行；有的学生结合参加社会实践的经历，对实践中观察到的产业行为开展伦理分析。

（2）**培养学生反思性学习的习惯**。认知科学研究指出，能在学习者的长期记忆中留存的学习收获，是大脑对输入的信息进行加工之后，根据相关主题（schema）整理和组织的结果（Newstetter et al., 2014）。因此，及时地归纳、整理和反思所学的内容有助于认知的建构。学习档案袋要求学生按时（课上推荐每周一次）对工程伦理的学习进行整理和提炼，帮助学生养成持续和规律地整理反思学习收获的习惯。在学期之初，学生需要提交学习档案袋的目录。通过目录的编制，这项作业帮助学生搭建整理知识的框架，并根据课程进展和实际的学习收获对目录进行更新迭代，促使学生将各次课上所学内容之间的联系"可视化"。档案袋成为学生认知系统的"物理映射"，学生在迭代学习档案袋的同时也在更新和优化脑海中认知的组织方式。

（3）促进学生对自己的观察和思考。工程伦理的学习涉及价值观、职业目标等与学生的自我意识和自我期望密切相关的内容。因此，学习档案袋的另一个功能是辅助学生对自己作为学习者和（早期）职业人士的理解，在制作档案袋的过程中进一步探索自己的学习风格、优势和不足、适合的学习策略、职业理想和偏好等。学习档案袋为学生提供了自我发现和自我对话的空间。学习档案袋的另一项早期作业要求学生为自己的档案袋设计封面，鼓励学生通过封面来彰显个人特色或表达自己对工程伦理的看法。

3.2.2 课程项目

根据主动学习的理念，笔者期望在"工程伦理"的学习评价设计中包含一项能持续激励学生思考、讨论和应用课程所学知识的任务。基于团队的课程项目实现了这个功能。此外，课程项目在增强学生伦理分析的深度、自主探究和问题意识等方面与课堂教学形成了互补。

本科通识课"工程伦理"的定位是工程职业伦理的入门课。课程的内容按照伦理基础、工程职业、工程环境和工程实践4个模块组织，在主题上覆盖了分析工程伦理问题和进行伦理决策所涉及的主要维度。然而，受课程时长和学生专业背景等因素的影响，授课内容以基本概念和方法为主，鲜少涉及对特定工程伦理议题（如"大数据和隐私保护""可持续建造"等）的深入分析。作为课程教学的延伸，课程项目提供了针对具体工程技术实践进行拓展研究的空间，鼓励学生对自身所关注的工程伦理问题开展具有一定纵深的分析。简而言之，课程教学介绍了开展工程伦理分析所需的理论、方法和视角。在课程项目中，学生运用这些概念和工具对选定的问题开展研究，形成结论或提出解决方案。通过课堂与项目的互补，实现学用结合。

自主探究的能力在大学生的学术成长、职业发展和终身学习习惯的养成中发挥重要作用。课程项目要求学生在团队环境中开展自主探究，完成从选题、收集信息、分析、形成结论和报告研究发现的探究过程。笔者并未将课程项目限定为研究项目，鼓励学生尝试不同的项目形式。"课程项目作业说明"（知识链接 3-2）中建议的项目交付物除了研究论文，还包括影视 / 文学 / 艺术作品原创或评论、案例、产品、服务及社会公益活动等。大学生的学习过程中并不缺乏项目研究的经历（很多课程都有类似的作业），因此，"工程伦理"的课程项目并非单纯的科研训练。提供多种项目形式的选项旨在提醒学生，系统的探究过程不仅适用于科学研究，也适用于很多其他工作（如产品开发、活动策划等）的开展。然而，在近几年的教学实践中，学生几无例外地选择了调查研究的项目。这些同质化的选择是否基于学生的"惯性"？如何有效地支持和引导学生探索不同的项目形式？这些问题有待进一步分析和研究。

此外，"工程伦理"的课程项目还意图结合学生的价值审思，突出"问题意识"的训练。在课上的"选题练习"环节，每个项目团队都需要思考、讨论和回答 3 个问题：

（1）个人关切——什么现象 / 行为 / 情况的存在（或不存在）会困扰你？列举 3~5 个。

（2）共同关切——你们组员的个人关切有哪些交集？

（3）如果要对你们共同的关切有所行动，这个行为的对象 / 受众是谁？

这项练习的目的是帮助学生提出切身体会到的问题，并思考和阐明问题的解决所蕴含的价值。

在 2021—2024 年的 4 次"工程伦理"课程中，学生的课程项目选题大致包括 4 种类型：①与大学校园相关的技术实践，如宿舍熄灯断电制度、基于人脸识别的校园门禁系统、校园快递管理、校内垃圾分类情况等；②与当代大学生活密切相关的技术产品，如电动车的电池安全、匿名社交平台对用户心理的影响、App 广告投放的正当性、短视频网站的伦理规范等；③对新兴技术的伦理分析，包括对无人驾驶、ChatGPT 等技术的分析；④社会公共事业所涉及的技术与工程伦理，如罕见病药物研发、沉浸式动物园建设等。这些选题体现出大学生对自身学习和生活环境中伦理问题的敏感性与作为新技术的使用者对新兴技术的伦理意义的思考。部分学生突破了狭义的工程伦理或技术伦理的边界，探索了罕见病患者权益和动物福利等更广义的伦理议题与工程技术之间的联系。

3.2.3　出勤和课堂参与

作为一门包含了大量学习活动和课堂讨论的课程，"工程伦理"的教学成效依赖学生的出勤和主动参与。考虑到学生之间不同的性格和学习风格特点，课堂参与的评价不仅参考学生面对全班公开发言的频率和质量，也考虑学生在小组讨论和课上练习等学习活动中的表现。因此，相对内向，但在课上用心投入的学生也能获得较为理想的课堂参与分数。

3.3　其他学习评价的方法和资源

随着评价科学的不断发展，越来越多的评价方法和工具已经得到有效应用。赵炬明教授的论文《关注学习效果：美国大学课程教学评价方法述评》言简意赅地解释了学习评价的基本概念和原则，并介绍了一系列适用于课程学习评价的工具和资源（赵炬明，2019）。托马斯·A. 安吉洛和 K. 帕特丽夏·克罗斯合著的《课堂评价技巧：大学教师手册》一书中含有大量简洁、实操性极佳的课堂评价工具（安吉洛等，2006）。

本章所介绍的评分量规和《课堂评价技巧：大学教师手册》中介绍的评价工具，能满足大部分工程伦理课程教学中学习评价的需要。有意开展工程伦理教育研究的读者（如测量某种新的教学方法对学生的伦理观念或伦理推理能力的影响）可能需要更系统地了解和运用基于研究的评价工具。关于工程伦理学习评价的研究成果较多地刊载于 *Science and Engineering Ethics*, *Journal of Engineering Education*, *IEEE Transactions on Education* 等学术期刊和美国工程教育学会年会论文集（*Proceedings of ASEE Annual Conference*）、教育前沿会议论文集（*Proceedings of Frontiers in Education Conference*）等会议论文集中。在工程伦理研究中使用较多的量表类评价工具有美国普渡大学开发的"工程伦理推理工具"（engineering ethical reasoning instrument, EERI）（Zhu et al., 2014）。这一工具经过多年的开发和迭代，具有较为系统的效度和可靠性证据。除此之外，美国得克萨斯大学奥斯汀分校的研究者开发了基于生物医学工程伦理的适应性专长评价工具（Rayne et al., 2006），澳大利亚的学者开发了评价工程师和工科学生的社会技术思维的习题与评分量规（Mazzurco et al., 2020），可供读者参考。

3.4　生成式人工智能时代的工程伦理学习评价

作为重塑教育教学的重要力量，生成式人工智能技术给工程伦理的学习评价带来明显的冲击。本章所介绍的评价方式大多要求学生提交基于个人或团队独立思考和研究的原创性作品。由于生成式人工智能在内容生成和文本创作方面的强大功能，以论文或口头报告为基础来评价学生的学习收获变得更加复杂。这些挑战在课上讨论和课堂练习中已经初现端倪。在教师布置讨论的主题后，有一些小组在开展讨论前会有一段"静默"的时间，小组成员在这段时间里运用人工智能工具查询资料，为讨论积累素材。批阅课堂练习作业时，也不时碰到一些语言流利，内容看似周到，细品下来却和课堂内容关联不大的"套话"（人工智能的"贡献"）。从工程伦理学习评价的角度来看，生成式人工智能带来的挑战主要体现在两个方面。第一，正如答案中的"套话"一样，学生可能从人工智能生成的内容中获得看似面面俱到，却没有实质思想的答案。更为严重的是，学生可能意识不到这些答案的无效性，因而忽略了相关学习目标的实现。第二，生成式人工智能使"原创性"的概念变得模糊。如果学生以违背学术诚信的方式完成伦理课的作业，显然与伦理教学的目标背道而驰。

给学习评价带来严峻挑战的同时，生成式人工智能也为学生发掘线索、收集信息、检验和迭代自己的思想提供了有力的辅助。因此，对生成式人工智能"一禁了之"的做法既不现实，也不利于学生的学习和成长。在过去几年的评价实践中，笔者应对生成式人工智能的措施也在不断演化，目前为止，大致经历了 3 个阶段。

（1）标注使用。从 2023 年春季学期开始，就有学生询问能否在课程作业中使用生成式人工智能工具。笔者据此宣布了 3 项课程政策：①可以使用生成式人工智能辅助完成作业（报告）；②作业（报告）中出现的任何由人工智能生成的内容必须标注清晰；③学生要为作业的质量负责。彼时，生成式人工智能刚刚进入大众视野，笔者的应对更多从信息素养的角度出发，期待学生通过合理鉴别和规范使用人工智能所提供的信息，学会负责和有效地使用新型信息技术。

（2）提问更加具体。随着生成式人工智能技术的进一步发展和推广，笔者发现，由于其算法特殊性，生成式人工智能更擅长回答一般性、高度概括的问题（如"康德的诚信观是什么"），而不擅长回答与答题者个人的经历、情感、观念密切相关的具体问题（如"在讨论诚信与救人之间如何取舍时，课上的同学们分别持哪些立场"）。从学习评价的角度看，提出的问题越具体，越容易得到学生自主的、个性化的回答。因此，在清华大学工程专业博士"工程伦理"课程的"个人反思"作业中，笔者避开了"总结课程收获"这一类概括性的要求，在作业（知识链接 3-4）中着重考察工程伦理的教学内容与学生个人的专业学习经历、当前科研计划和未来职业规划之间的共鸣。

（3）从评价内容到评价表达。可以预见，随着人工智能技术的普及，学生在学习活动中以及未来的职业实践中将越来越多地借助人工智能来进行内容的输出。因此，学习评价的焦点有必要从评价内容的生产转向评价学生对人工智能生成的内容进行遴选、整合和有效表达的能力。在 2024 年秋季学期的清华大学工程专业博士"工程伦理"课程中，最终评价的主要构成部分是由学生自主策划和组织的一次工程伦理对谈（知识链接 3-5）。对谈采用圆桌讨论的方式，要求学生分别扮演主持人和来自不同背景（学术界、产业界、政府、消费者）的嘉宾代表，围绕社会高度关注的工程伦理问题进行讨论。

该作业允许学生运用工具搜集相关资料和整理发言提纲，但是要求学生根据自己所代表的嘉宾"人设"，合理地表达角色对相关议题的观点和诉求。

3.5 小结

提到学习评价，不少教师首先想到高度复杂、专业性极强的标准化测试工具。一些教师甚至因为评价科学的专业壁垒而不愿在自己教授的课程中开展系统的评价。事实上，学习评价的范围很广，形式也很多样。在大部分教学情境中，并不复杂的评价手段已经足以实现评价的两个根本目标：展现学生的学习收获和为教学改进提供反馈。只要坚持以学生学习为评价目标，以教学改进为评价目的，教师可以因地制宜地运用和改编自己熟悉的、易于使用的评价工具。

参考文献

[1] American Association of Colleges and Universities. VALUE Rubrics[EB/OL]. [2025-03-29]. https://www.aacu.org/initiatives/value-initiative/value-rubrics.

[2] American Association of Colleges and Universities. VALUE Rubrics - Ethical Reasoning[EB/OL]. [2025-03-29]. https://www.aacu.org/initiatives/value-initiative/value-rubrics/value-rubrics-ethical-reasoning.

[3] American Educational Research Association, the American Psychological Association, the National Council on Measurement in Education. Standards for educational and psychological testing[M]. Washington, DC: American Educational Research Association, 2014.

[4] BLACK P, WILIAM D. Assessment and classroom learning[J]. Assessment in Education: principles, policy & practice, 1998, 5(1): 7-74.

[5] LIGHT T P, CHEN H L, ITTELSON J C. Documenting learning with eportfolios: a guide for college instructors[M]. New York: John Wiley & Sons, Inc, 2011.

[6] MAZZURCO A, DANIEL S. Socio - technical thinking of students and practitioners in the context of humanitarian engineering[J]. Journal of Engineering Education, 2020, 109(2): 243-261.

[7] NEWSTETTER W C, SVINICKI M D. Learning theories for engineering education practice[M]. Aditya Johri, Barbara M. Olds. Cambridge handbook of engineering education research. New York: Cambridge University Press, 2014: 29-46.
[8] RAYNE K, MARTIN T, BROPHY S, et al. The development of adaptive expertise in biomedical engineering ethics[J]. Journal of Engineering Education, 2006, 95(2): 165-173.
[9] ZHU Q, ZOLTOWSKI C B, FEISTER M K, et al. The development of an instrument for assessing individual ethical decisionmaking in project-based design teams: Integrating quantitative and qualitative methods[C]. Indianapolis, IN: 2014 ASEE annual conference & exposition 2014.
[10] 安吉洛，克罗斯. 课堂评价技巧：大学生教师手册（第二版）[M]. 唐艳芳，译. 杭州：浙江大学出版社，2006.
[11] 赵炬明. 关注学习效果：美国大学课程教学评价方法述评：美国"以学生为中心"的本科教学改革研究之六 [J]. 高等工程教育研究, 2019(6): 9-23.

知识链接 3-1　学习档案袋（portfolio）作业说明

1. 什么是 portfolio

portfolio 常常被译作"作品集"，艺术和设计类的学生在申请学校或求职时常常拿出作品的汇总来展现自己的创作过程。在其他很多学科的教育中，portfolio 也被当作一种记录和评估学习、思考和成长的工具来使用，这个意义上的 portfolio，我们称作"学习档案袋"，是学生在一门课程中思考、探索、总结的汇集，它既包含学习和探索的"成品"，也展现其过程。

2. Portfolio 的制作

作为学习一门课程的工具，portfolio 应该注重"收集"和"整理"：

（1）尽量收录和囊括与课程相关的思考和学习活动的记录（笔记、小结、问题、课上和课后练习、草稿、组会记录等）。

（2）为了能够使 portfolio 成为辅助学习和回顾个人成长的有力工具，在兼容并蓄的基础上，还应该对其内容进行归纳、整理、分类，按照有意义的线索进行排序。

需要注意：针对 portfolio 的收集和整理都应该是实时的，反复迭代的。等到提交作业之前临时去收集和整理很难奏效。最好的办法是每周拟定固定的时间（30~40 分钟）来添加更新的内容，并对 portfolio 进行梳理。

在制作 portfolio 时还推荐考虑：

（1）展现学习和思考的过程——portfolio 最重要的不是"成果"而是通向成果的过程。

我们不但想知道你的想法，还想知道这些想法如何产生。我们不但关心你的答案，还好奇你为了寻找答案而进行的各种尝试。这些信息对于未来的你回顾和认识自己也会有帮助。

（2）围绕2~3个核心问题——什么是你在这门课里最想深入探索的问题？在每一阶段中（比如每个月），回顾自己所学所想所做，看看这些经历对于你思考和回答上述问题有哪些启示？你对这些问题的理解有加深吗？你的立场是否需要调整？哪些信息和观点影响了你的答案？试着运用这些问题来帮助你更好地组织portfolio中收纳的材料。

（3）有想象力地运用空间——portfolio是一个二次元世界，你可以在这里容纳二次元里应有的因素：文字、照片、涂鸦……一切可以帮助你更好地记录自己思考和学习过程的内容。如果你选择电子或网页版本的portfolio，还可以根据需要添加音频和视频。

3. 一些portfolio样例

https://www.patcapulong.com/（一个设计专业学生的portfolio）

https://www.sohu.com/a/329860433_549050（对一个艺术专业学生portfolio的简单分析）

http://www.chivetta.org/portfolio.html（Portfolio的使用并不局限于艺术和设计专业，这是一个计算机专业学生的portfolio）

https://www.douban.com/group/topic/208732001/?dt_platform=wechat_friends&dt_dapp=1（什么都能记！）

https://www.douban.com/group/topic/209072894/?dt_platform=wechat_friends&dt_dapp=1（地理笔记）

4. 作业的要求和评分

学习档案袋的作业提交分成3部分

- 第三周周末前提交学习档案袋的封面和目录
  - 封面和目录是你的portfolio的窗口。最理想的封面和目录能让读者一目了然地看到你是谁，你在本课程中的学习活动是怎样规划的。推荐在制作目录之前细读课程大纲，了解本学期将进行的学习活动，并根据你自己的学习特点对这些学习元素进行"规划"。
  - 目录的示例（供参考而非复制）
    - 第一部分：关于我
      - 自我介绍
      - 定期反思
      - 期末总结
    - 第二部分：关于工程伦理的学习和思考
      - 善恶
      - 工程
      - 社会

- 第三部分：课程项目
  - 选题过程
  - 草稿集
  - 项目反思
  ……
- 第八周周末前提交学习档案袋的初稿
- 第十六周周末前提交学习档案袋最终稿

5. 评分量规

封面和目录（总分：5）

评分维度	4	2	0
目录	目录清晰体现对整个课程学习元素的全面规划	目录比较完整地体现全学期学习的规划	没有目录
封面		1	0
		封面的设计适当体现学生个人元素	没有封面

学习档案袋初稿（总分：10）

评分维度	4	2	0
个人反思	体现出对自身价值观和学习方式的持续、规律的思考和反省	体现出对自身价值观和学习方式的思考与反省，但是缺少持续性	没有体现对自身价值观和学习方式的思考与反省
工程伦理探索	体现出对工程伦理相关概念和方法的积极思考与运用	体现出对工程伦理相关概念和方法的思考与记录	没有体现出与工程伦理相关的概念和方法
结构安排	2	1	0
	portfolio 的设计和组织有很强可读性	portfolio 的设计和组织有可读性	portfolio 缺乏与读者沟通的基本要素

学习档案袋终稿（总分：30）

评分维度	10	7	0
个人反思	体现出对自身价值观和学习方式的持续、规律的思考和反省	体现出对自身价值观和学习方式的思考与反省，但是缺少持续性	没有体现对自身价值观和学习方式的思考与反省

续表

评分维度	5	3	0
工程伦理探索	体现出对工程伦理相关概念和方法的积极思考与运用	体现出对工程伦理相关概念和方法的思考与记录	没有体现出与工程伦理相关的概念和方法
结构安排	portfolio 的设计和组织有很强可读性	portfolio 的设计和组织有可读性	portfolio 缺乏与读者沟通的基本要素
持续改进	延续了 portfolio 初稿的优点，并且针对初稿获得的教师反馈做出了大幅改进	延续了 portfolio 初稿的优点，并且针对初稿获得的教师反馈做出了修改	初稿反映了较多需要完善的环节，但没有根据教师反馈进行修改

知识链接 3-2　课程项目作业说明

选择一个涉及工程技术、社会和伦理的问题，运用合适的方法对此问题进行深入调查和探究，记录探索的过程、发现和结论，并讨论这些结论：①如何影响我们对工程技术与社会伦理价值关系的理解；②如何影响你们（团队成员）对自己未来学习和职业活动的规划。

1. 选题

项目的选题要能给予你的团队运用和拓展课上所学知识的空间。在介绍项目时，应清晰解释与选题相关的伦理问题、价值和原则。例如，"本项目通过调研老年公寓来考察新兴互联网产品对老龄化社会的影响，旨在思考如何公平分配新技术所带来的福利和风险"。每个团队在确定最终选题之前应和任课教师至少当面讨论一次。项目的具体形式可以灵活选择，你们可以考虑下列形式，也可以选择你的团队中意的其他形式（需征求任课教师意见）。

①影视、文学、艺术作品评论；

②影视、文学、艺术作品原创；

③伦理案例撰写和分析；

④研究论文；

⑤产品、服务或系统的研发（可包括社会公益活动）。

2. 探索方法

根据项目选题，团队需设计适合的方法来开展探索，包括如何收集资料和信息，如何整理数据和文献，如何推进项目等。鼓励团队利用答疑时间、开放交流、课程微沙龙或餐叙等各种机会向任课教师或校内外其他专家学者请教相关的方法。

3. 结果分析

根据探索的结果，在结题报告中对立项（选题）时提出的伦理问题进行分析并尝试解答。同时联系项目成员自身的背景，讨论这些结果对于团队成员未来学习和职业发展的启示。

4. 报告展示

团队需按照正式项目报告或研究报告的模式来完成项目结题报告，遵循书面和口头陈述的相关规范，有想象力地运用文字、图片、表格和其他适当媒体来向公众报告项目的过程和结果。

5. 评分量规

选题报告评分量规（总分：10）

	选题书面报告		
评分维度	2	1	0
选题	选题深刻体现相关的伦理问题，并且能清晰体现项目的目标	选题体现相关的伦理问题并体现项目的目标	选题与伦理无关，项目目标不明
评分维度	3	2	1
书面沟通	用语（图）符合写作规范、报告结构清晰、表达方式能很好照顾读者的需要	符合基本的写作规范和正式报告的一般结构	语法用字问题较多，报告组织无序
	选题口头报告		
评分维度	3	2	1
口头陈述	信息表达有效，时间控制准确，展现和听众良好互动	信息表达基本完备	报告人没有准备，表达不清楚，严重超时或报告太短
评分维度	2	1	0
视觉辅助	PPT或其他视觉辅助设计美观，传递的信息有效增强口头报告的效果	视觉辅助能增强口头报告的效果	没有视觉辅助

项目结题报告评分量规（总分：30）

结题书面报告评分维度	5	3	1
项目过程	完整报告选题、探索过程、探索结果和启示	包含了选题、过程、和结果的主要元素，但个别部分的信息欠完备	缺乏关于项目过程的重要信息

续表

结题书面报告评分维度	5	3	1
伦理思考	运用课程知识对项目所涉及的伦理问题做出深入分析,并且充分总结了项目对团队成员未来成长的启示	分析了项目所涉及的伦理问题及团队成员的自身成长	未体现对项目所涉及的伦理问题或团队成员自身成长的思考
书面沟通	用语(图)符合写作规范、报告结构清晰、表达方式能很好照顾读者的需要	符合基本的写作规范和正式报告的一般结构	语法用字问题较多,报告组织无序

结题口头报告评分维度	5	3	1
内容	报告内容清晰完整,创造性地呈现项目的要点,吸引听众	报告内容清楚,大致完整	报告团队欠缺准备,报告内容不清
视觉辅助	PPT或其他视觉辅助设计美观,传递的信息有效增强口头报告的效果	视觉辅助能增强口头报告的效果	PPT或其他视觉辅助设计杂乱,干扰到听众对口头报告的理解
台风	着装得体,与听众有效互动,时间控制精确	着装得体,与听众有互动,报告大致符合规定时长	着装随意,不能有效倾听和回应听众的反馈,严重超时

知识链接 3-3 VALUE Ethical Reasoning Rubrics

评分者对未达到基准水平的作业可以判 0 分。

标准分类	最高成就 4	阶段性成就 3	阶段性成就 2	基准 1
伦理自我意识	学生详细讨论/分析核心信念以及这些信念的来源,并且讨论具有较好的深度和清晰度	学生详细讨论/分析核心信念以及这些信念的来源	学生表达了核心信念以及这些信念的来源	学生表达了核心信念或澄清了核心信念的来源,但同时没有做到两样

续表

标准分类	最高成就 4	阶段性成就 3	阶段性成就 2	基准 1
理解不同的伦理视角/概念	学生使用了相关理论或理论体系的名称，能表达理论或理论体系的要点，并且准确地解释所使用理论或理论体系的细节	学生能说出所用理论或理论体系的名称，能表达相应理论或理论体系的要点，并试图解释所使用理论或理论体系的细节，虽然在准确度方面有所欠缺	学生能说出所用的主要理论的名称并且只能表达这个理论的主旨	学生只能说出所使用的主要理论的名称
识别伦理问题	学生能在一个给定的复杂、多层次（灰色）的情境中识别伦理问题并识别各个问题之间的联系	学生能在一个给定的复杂、多层次（灰色）的情境中识别伦理问题或理解各个问题之间的联系	学生能识别基本和明显的伦理问题并（不充分地）理解问题的复杂性或相互联系	学生能识别基本和明显的伦理问题但是不理解问题的复杂性或相互联系
运用伦理视角/概念	学生面对伦理问题时能独立和准确地运用伦理视角/概念，并能全面考虑这种应用的意义	学生面对伦理问题时能独立和准确地运用伦理视角/概念，但未能考虑这种运用的特定意义	学生面对伦理问题时能独立运用伦理视角/概念，虽然运用不够完全	学生面对伦理问题时能在有支持的情况下（针对课上、小组讨论或其他固定选项中的例子）运用伦理视角/概念，但不能独立运用伦理视角/概念（到新的例子中）

续表

标准分类	最高成就 4	阶段性成就 3	阶段性成就 2	基准 1
评估不同的伦理视角/概念	学生能举出一个立场并阐明其预设前提、意义和可能的反对意见，并能合理地针对不同的伦理视角/概念的预设前提、意义和反对意见进行充分有效的辩论	学生能举出一个立场并阐明其预设前提、意义和可能的反对意见，并能回应不同的伦理视角/概念的预设前提、意义和反对意见，但回应不充分	学生能举出一个立场并阐明基于不同的伦理视角/概念的预设前提、意义和可能的反对意见，但没有对后者进行回应（最终这些预设前提、意义和可能的反对意见被学生忽视，未能影响学生的立场）	学生能举出一个立场但未能阐明基于不同的伦理视角/概念的预设前提、局限性和可能的反对意见

知识链接 3-4　个人反思作业说明

回顾"工程伦理"课程，回答下列问题。请注意：①本作业强调"个人"的思考，不追求一般性的陈述或结论。②总计不超过 1000 字。

（1）在你过往的工科学习或（广义的）工程实践经历中，有哪些涉及价值观冲突、需要进行伦理判断或选择的情形？"工程伦理"课程的内容和你所列举的情形有哪些联系？

（2）你接下来即将投入的工程实践领域中，有哪些较为突出的伦理需求或需要预防的伦理风险？

（3）在你继续研究生学业和进入职场初期的几年中，有哪些将工程职业伦理原则融入自身工程实践或职业发展的机会？

知识链接 3-5　工程伦理对谈作业说明

1. 对谈形式

以班为单位，组织一场关于工程伦理相关主题的 30~40 分钟对谈。对谈包括 1 名主持人和 4~5 名嘉宾：每组选择 1 名同学作为主持人或嘉宾代表，其他组员支持代表的发言。对谈形式可参考"清华文科沙龙"。针对每个选题，可以考虑让嘉宾分别扮演学术、产业、政府、社会等领域的代表。

2. 评分

①每组的对话提纲（主持人：问题提纲和对谈计划/嘉宾：身份描述和观点小结）（10 分）；

②团队贡献互评（10分）；

③现场对谈表现（20分）。

3. **对谈选题**

①日常技术和工程伦理（快递、外卖、网约车）；

②工程与可持续发展；

③前沿技术伦理（Generative AI、脑机接口等）；

④工程与安全。

中篇：探究工程的伦理

第 4 章
伦理分析

引言：生命的估价

美剧《黄石》中有令人揪心的一幕。海豹突击队的退伍兵凯西和妻子驾车经过蒙大拿州印第安人保留地时，路边的一辆房车突然爆炸。一人满身燃着火焰从房车里跑出，不出几步便栽倒在地。凯西推测有人在房车里制造冰毒，因操作不慎发生事故。下车查看后，凯西发现对方重度烧伤。伤者对凯西喊道："家人！"凯西回身查看后告诉他"你已经没有家人了"（车内其他人都已身亡）。伤者哀求："杀了我。"根据自己的作战经验，凯西判断此人活不到救护车赶来，也知道严重烧伤会带来极大的痛苦。短暂思考之后，凯西回到车里拿出一把手枪，结束了伤者的生命。

在伤者没有存活希望的情况下，为了减轻对方肉体上的痛苦，凯西选择了结束对方的生命。这个体现了人道关怀的选择，却显然违反了法律。剧中的情节虽略显夸张，所探讨的问题却不无来由。当代社会中，围绕生命的终结，有不少引起高度关注甚至争议的做法，如临终关怀、安乐死等。这些争议背后的考量之一是病人的生活质量和生命体验。有人认为，当生命的延续不再产生积极的体验时，应当尊重病人终结生命的意愿。然而，评估他人生命体验的价值是非常困难的，没有公认的标准。

闭锁综合征是一种极为复杂的罕见病。患者失去对肌肉的控制，逐渐丧失语言和行动能力，与外界沟通表达的渠道也逐渐关闭。因此，有人把闭锁综合征的患者称作"困在身体里的灵魂"。丧失了与外界交互的生命体验似乎不值得延续，因此，荷兰等国允许对严重的闭锁综合征患者实行安乐死。然而，科技的进展使人们不得不重新衡量闭锁综合征患者的生命体验。法国的研究者在一位闭锁综合征患者的脑中植入了脑机接口芯片,帮助患者通过脑电活动来发送信号控制打字设备。脑机接口技术恢复了患者与外界沟通的渠道,外界也可以重新感知患者的思想(Chaudhary, 2022)。工程技术的发展,大幅拓宽了"什么样的生命值得延续"这个伦理问题的讨论空间。

以上的讨论仅仅辨析了生命对患者本人的价值。如果从社会的角度思考"什么样的生命值得延续",还需要考虑延续生命的成本,成本的分配是否公平等问题。这些对价值的大小和决策正当性的衡量,属于伦理分析的范畴。简单来说,**伦理是对好坏对错的辨析**。培养学生发现和思考伦理问题的能力,需要帮助他们掌握并运用相应的伦理概念和立场来审视自身的学习、生活和社会交往经历,发现日常和职业决策中所蕴含的伦理意义。本章在简介伦理、价值观等概念的基础上,围绕基于规则、结果和品格的伦理学理论立场,简述各个立场的主旨、与工程实践的联系以及相关的教学活动。在此基础上,本章引入一种适合工程伦理和案例教学的分析方法:伦理推理。本章的内容侧重从教学活动设计和教学实施的角度讨论有关伦理概念和方法的教学目标、教学内容和形式。关于伦理学概念和理论的进一步介绍,可以参考高等教育出版社《工程伦理》教材第 2 章"如何理解伦理"(李正风,2023)。

4.1 伦理学与工程伦理教学

工程伦理教师经常面临的问题是:对伦理学的理论、概念和方法应该教什么?教多少?怎么教?这些问题没有标准答案。除参考课程学习目标之外,教师本身的学科背景、教学风格和对伦理学知识的"舒适度"也是重要的考量因素。有的工科教师在工程伦理教学中避开抽象的伦理理论,侧重自己更加熟悉的工程研发和应用背后的伦理分析,得到了学生的热烈欢迎。现实世界的工程实践复杂多变,很多时候工程师的实践领先于,甚至引导了伦理学的发展(AIGC、脑机接口等都是最近的例子)。相比之下,伦理学理论并不能及时充分地反映工程实践的广度和变化的速率。对于工程实践中出现的伦理问题,已有的伦理理论也未必能提供现成的解答。伦理学知识可以看作工程伦理教学的"非充分非必要"条件。

然而，本书不反对在工程伦理教学中介绍基本的伦理学概念、立场和分析方法。相反，笔者认为，适度地融入伦理学的内容对工程伦理教学具有积极的意义。长期以来，学者们对于"合规"在伦理教学中的地位存在争议（Phillips, 2023）。有的学者反对把"合规"作为工程伦理教学的核心目标。他们认为，虽然规章制度和工程标准在保障工程的安全、质量和效益方面发挥举足轻重的作用，但从合规教育的视角出发，容易把工程师看作规则的被动执行者，忽视了工程师进行伦理审辩和价值判断的主动性。具体来说，单纯强调合规的工程伦理教育存在3方面的局限性：第一，忽略了规则本身的瑕疵或规则之间相互冲突的可能；第二，对工程师自主判断和伦理自觉的强调不够，影响了工程师参与制定和完善规章制度的积极性；第三，伦理教育归根结底是对人的塑造，仅仅强调工程伦理规则而没有充分触及学生价值观的教育会流于表面。应对合规教育局限性的方法之一是帮助学生掌握基本的伦理学概念、理论和方法，增强学生的自主判断能力和伦理自觉。本书的前言曾提到，工程伦理教育不是观点和立场的灌输，而旨在培养学生对伦理问题的分析和判断能力，赋能学生成为卓越工程师。赋能卓越工程师的伦理教育，不能满足于输出一套"什么该做/不该做"的规则来框住学生的思想和行动，而应该帮助学生识别、分析和解决问题，通过伦理思维的提升创造更加优质的工程方案。

伦理学内容的引入也有助于学生正视和系统地思考与价值观有关的问题。道德心理学的研究指出，大学时期是青年对自幼接受的价值观进行解构和重估的重要阶段（Perry, 1998）。孩童时期和青少年早期的价值观教育往往以单向输入为主，由家长、教师等成年人告诉学生什么是对，什么是错。随着年龄和心智的增长，大学生倾向于结合自身经验对以往所接受的价值观进行评价和反思。这种价值观的重估是大学生成长的重要标志。在这个过程中，受外界立场多元和自身经验有限的影响，部分大学生会产生一种从先前的价值体系中"解放"出来的感觉，认为多元的、持续变化的社会并不按照任何既定的规则运行，甚至认为个人的成功主要依赖运气或不遵守规则所带来的红利。受这些观念的影响，部分学生可能在缺乏了解的情况下忽视或否认伦理原则的合法性。在工程伦理教学中探究相关的伦理立场以及各个立场下开展伦理思辨和推理的逻辑，可以帮助学生重新发现和理解价值观的意义，认识工程实践中价值选择的相关性和重要性。

4.2　生活中的伦理问题和价值观冲突

在教学中引入伦理学相关概念的一个重要目的是帮助学生识别伦理问题并认识伦理问题和日常生活的紧密联系，进而探索和理解伦理冲突的成因。关乎伦理的问题、矛盾和冲突在社会生活中广泛存在，但并非所有矛盾都是伦理问题。在教学中，可以引导学生运用伦理的定义（"关于好坏对错的辨析"）来识别伦理问题，也可以提醒学生注意伦理问题的另一个特点：涉及价值观冲突。高等教育出版社出版的《工程伦理》教材将价值观定义为"一个时期内个人或集体对事物的正当性和重要性进行评判的准则"（李正风，2023）。这一定义体现了价值观的几个特征：第一，价值观涉及"可行/不可行"的正当性判断或对可行目标的优先级排序；第二，价值观包括个人价值观和在集体成员之间成为共识的集体价值观；第三，长期来看，人的价值观可能会变化，但短期内的价值观是相对稳定的。因此，价值观不同于频繁变化的偏好（如"今天中午吃什么"）或个人对事物的情绪反应（喜欢/厌恶）。针对同一决策，利益相关方可能会强调不同的价值观。例如，一个软件公司是否应该使用大语言模型来代替一部分程序员的工作？如果公司首要的价值观是"效益"，那么使用大模型和继续雇佣程序员的成本收益比可能是影响决策的关键；相反，如果公司的核心价值观是"员工的成长"，那么在决策时会更加重视公司集体的意愿。一个以"客户满意"为核心价值观的公司在面临类似的决策时，可能重点考虑大模型和人工程序员所开发的软件的质量。对伦理和价值观的概念辨析，可以帮助学生识别哪些情况和行为涉及伦理问题，也提醒学生：个人的选择不仅由自身喜好、方便性或人情因素所决定，也受到伦理规则的约束。

每一个社会成员都生活在伦理的空间里。大学生在日常生活中的一天，可能要面临数个，甚至数十个伦理选择。早上起床发现上课要迟到了，是饿着肚子迟到 15 分钟去上课，还是干脆吃完早餐，等到课间休息再溜进教室？在微信朋友圈看到募捐的信息，该不该施以援手？在教学楼里找不到厨余垃圾箱时，啃过的苹果核是随手丢进其他垃圾箱，还是带回宿舍楼扔进厨余垃圾箱？在短视频网站看到违反公序良俗的内容，是否要举报？在奖学金申请材料中应该如实汇报自己参加社会实践支队的贡献，还是稍稍"美化"自己的表现？这些"选择题"可以作为学生辨析伦理概念的讨论素材，帮助他们发现生活与伦理的联系。发现伦理思考与现实生活的关联，有助于减少那些把伦理看作枯燥、抽象和脱离现实的说教的成见，体会伦理思考的鲜活与生动，意识到每个人都经常性地经历伦理判断和伦理选择，以此激励学生留心伦理情境，有意识地观察和思考伦理现象。作为教师，还可以通过社会生活中常见的情境和现象（如彩礼文化等），鼓励学生进行伦理反思，在具体情境中将自己的价值观"显性化"，并对照自身价值观评估所面临的选择。

价值观的冲突是结构性的。一方面，不同个体对于同一事物正当性和重要性的判断有所差异（个体间差异）。另一方面，从不同的价值观出发衡量同一事物时，也可能得到不同，甚至相互矛盾的结论（价值多元）。下面的练习可以帮助学生体会个体间差异和价值多元所带来的价值观冲突。

❋ 练习 4–1　伦理坐标系

（1）在纸上画一个直角坐标系，横轴的左右指向"坏/好"，纵轴的上下指向"对/错"。

（2）根据自己的判断，把"健康""快乐""帮助""欺骗""杀戮""财富"等概念分布到坐标系中，和原点的距离表明好坏对错的程度。

（3）完成纸上练习之后，请 3 位志愿者到讲台前，把自己的分布标注到黑板上共同的坐标系中，每个学生使用一种不同颜色的粉笔。

在志愿者标注完成后，黑板上往往会显示出对同一个对象的不同判断（见图 4-1）。例如，有学生把财富放置在第一象限，认为财富"好且对"；也有人选择将财富置于横轴的右侧,意味着财富是好的(值得拥有的),但无所谓对错;还有学生难以判断财富的好坏对错,选择把财富置于坐标系的原点。黑板上的结果直观地呈现出不同个体间价值判断的差异。教师可以邀请志愿者分享自己进行标注的理由,也可以请其他学生分享各自的判断与黑板上结果的异同。这个坐标练习还可以展示价值观的多元性。不少学生会把"健康"标注在原点右侧的横轴上(健康是好的,但是无所谓对错),如此判断的理由是,人们普遍渴望健康,但是对健康状况的价值判断是中立的,不会认为健康的人比不健康的人更加正确。这种判断彰显出"个体选择自由"的价值观。如果从社会效用的价值观出发,考虑到疾病的社会成本(误工成本和医保支出等),保持健康就具备了正当性,甚至可以看作一种社会责任。这个例子显示,从不同的价值观出发,伦理辨析的结论也不尽相同。

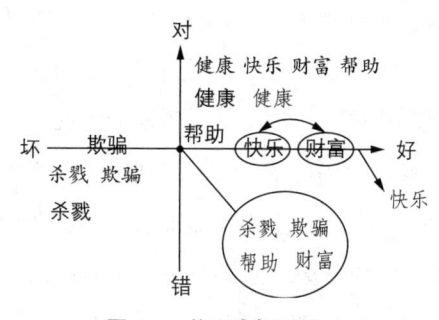

图 4-1　伦理坐标系练习

4.3　基本的伦理立场

伦理立场是进行好坏对错辨析的出发点和基本原则,它包括对"好"(伦理上的理想目标)的含义的解释以及对行为事物好坏的判断标准。伦理判断的复杂性在很大程度上源于诉求各异的相关方试图从不同的视角阐述和辩护各自立场的正当性。了解这些论点背后的伦理立场,有助于理解各方诉求,综合评估各种观点的相关性和合理性。常见的伦理立场对应相关的伦理学理论,这些理论系统地阐释了基于不同立场的伦理分析。基于规则、结果和品格的立场是最基本的伦理立场。

4.3.1 基于规则的伦理立场

根据行为是否合规来判断行为的对错是我们熟知的方式。基于规则的伦理分析，其核心是考察行为选择是否符合既定的规则。基于规则的伦理理论通常被称作"责任伦理学"或"道义论"（deontology）。德国古典哲学家康德的名著《道德形而上学基础》为道义论奠定了根基。工程伦理中关于规则的教学可以强调：①对规则本身的认识和反思；②对规则与工程技术之间关系的考察。

1. 认识规则

基于规则的伦理立场强调对规则的敬畏，认为"合规即合理"。树立对规则的敬畏意识对于大学生，尤其对于未来卓越工程师的培养至关重要。规则过剩，进而导致规则疲惫是现代社会的突出特点。在过度行政化的社会运作方式下，很多个体和机构都习惯于制定事无巨细的规章制度。从冲咖啡、做有氧练习到申请打印成绩单，都受一系列复杂的程序和规则的约束。规则的泛滥导致许多人对规则感到麻木，倾向于在决策中依赖直觉。对规则的倦怠感在职业领域是相当危险的。工程中需要遵循的规则和标准事关公众的安全、健康和大量社会资源的投入，可谓性命攸关。因此，工程伦理教学有必要帮助学生认识规则背后的深意，避开以个人偏好甚至侥幸心理取代规则的误区。例如，有的学生因为老师布置的作业负担过重，完成作业的学习收获感不强，或助教批改作业不够仔细而走捷径，"参考"上一届学生的作业。在这些情况下，学生试图用自己"私人定制"的标准（适当的课业负担、与收获相称的学习投入、较低的查处风险）来代替普遍的学术诚信规则。在教学中，教师可以引导学生考察学术诚信规则背后的目的：学业质量、学术评价的公平性和师生之间的契约关系。从学业质量的角度来看，当学生自己判定独立完成作业的必要性时，是用自己对学术训练价值的判断代替经验丰富的教师的专业判断，误判的概率较高。通过提交他人的作业来获得成绩，对其他独立完成作业的同学不公平。此外，使用他人作业的做法违背了师生之间最基本的契约：即学生以诚实的方式展示自己的学业水平。基于这种契约关系的大学教育得到了大量社会资源的资助（包括低廉的学费、食堂和住宿补贴等），因此学术不端也是对公共资源的滥用。

围绕工程实践中遵守规则的意义也可以开展类似的分析。例如，可以组织学生讨论下面的思考题：

工程设计中经常强调"冗余"，如汽车的设计要通过极寒天气的低温测试。那么，在气候温暖的地区所销售的汽车，可否采用防冻能力较低的标准来降低成本？

对规则的敬畏不等于盲从。根据规则进行伦理判断的前提是，所采用的规则具有合理性和适切性。针对伦理规则的合理性，康德提出了"绝对律令"的标准（Kant, 1997）。简而言之，合理的、具有正当性的伦理规则应该与普适的规范相容；那些只在特定场合生效（"今天上班要迟到了，临时规定弹性工作制"）或只适用于特定人群（"公司老板上班可以迟到，但员工不可以"）的规则，不能作为伦理判断的原则。不同的规则之间也可能相互冲突。例如，教学纪律要求学生按时上课，但学校有关部门可能在学期中安排校外实践活动。在规则之间相互冲突时，需要评估规则的适切性，优先遵守适切度更高的规则。规则自身的属性使得"合规"和"符合伦理"之间的关系相对复杂。笔者在"工程伦理"课上用两个练习来引导学生辨析规则与伦理之间的关系。

❄ 练习 4-2　随手拍规则

拍摄一张你生活中所见到的关于规则的照片，上传到课程微信群。图中的规则是否能够作为伦理规则？在课上分享你的思考。

❄ 练习 4-3　伦理与法律

坐标系横轴为"伦理"，纵轴为"法律"，4 个象限分别表示"合法并符合伦理""合法但不符合伦理""不合法且不符合伦理""不合法但符合伦理"的情况。以小组为单位，通过讨论，举出属于每个象限的行为的例子。

在承认规则具有局限性的同时，应注意避免学生因为规则的局限性而放弃规则，陷入伦理相对主义或虚无主义的陷阱（注：关于虚无主义和相对主义的定义及批评，可参考高等教育出版社《工程伦理》第 2 章）。规则是社会实践经验的凝练，是组织或共同体规范其成员行为的约定。作为一种约定，规则的内容是可以更新和改进的。事实上，工程师的职业责任除了遵守和维护工程职业共同体的相关规则，还包括参与制定和修改相关的章程与标准。相比一味地回避或放弃不完善的规则，主动分析规则的局限性并寻求改进才是更积极也更加正确的态度。

2. 工程技术与规则

工程伦理的教学在介绍基本伦理规则的同时，还应该启发学生思考工程技术与规则之间的互动关系。一方面，工程技术实践受到相关规则的约束。工程伦理分析当中的一个重要维度是检查工程实践是否符合相关规则的要求。对于工程师来说，所属行业或职业协会的技术标准和职业伦理守则（章程）不仅是技术规范，也是职业伦理的要求。另一方面，工程技术实践可能强化或抵消规则的效力。如图 4-2 所示，铁路沿线除了通过文字来表达规则的内容（"不许进入"），还通过护栏、铁丝网等工程技术手段强化规则的执

图 4-2　工程技术可以强化规则的执行

行。尤其需要注意的是，工程技术可能用于规避或颠覆既有的规则。很多高校和出版机构使用查重软件来检查作者独立写作的情况，然而生成式人工智能技术可以创作和已有论文不相重复的文字，因而大幅冲击了传统的研究伦理规则。在教学中，可以请学生列举和讨论工程技术强化或颠覆规则的例子，帮助他们理解工程技术重新定义伦理规则的能力。

4.3.2 基于结果的伦理立场

趋利避害是工程活动的主要动机之一，因此工程实践中经常强调结果导向。工程中十分重视的"优化"就试图通过各项参数间的协同和取舍来达到总体目标最优（收益最大、成本最小）的状态。这种优化的思想契合一种重要的伦理立场：基于结果的立场（consequentialism）。基于结果的伦理立场认为，判断伦理对错应该以行为选择所带来的结果作为评价依据。根据给定的标准，行为结果最大限度符合标准的选择就是伦理上最正确的选择。假设在公共卫生领域以公民的平均寿命作为标准，那么最大限度延长公民平均寿命的决策（而不考虑生活质量、经济成本等其他因素）就是最正确的决策。基于结果的伦理学理论中，最重要的流派是以英国哲学家边沁和密尔为代表的功利主义（两位哲学家关于功利主义的代表作分别是《道德与立法原理导论》（杰里米·边沁著）和《功利主义》（约翰·斯图亚特·密尔著））。功利主义思想家认为，追求快乐和避免痛苦是人的本性，伦理判断应该以快乐的最大化和痛苦的最小化为标准。功利主义者进一步假设社会上所有人的快乐或痛苦体验是等价的（甲的百分之百的快乐等于乙的百分之百的快乐，甲的百分之百的痛苦也等于乙的百分之百的痛苦），因此伦理上正确的选择是考虑了不同选项给所有人造成的快乐（正值）和痛苦（负值）汇总之后，得分最高的选项。简而言之，基于结果的伦理立场认为，结果最好的选项是伦理上正确的选择，而功利主义进一步将最好的结果定义为"最大快乐，最小痛苦"。

功利主义的思路与工程优化思想有较强的共鸣。在教学中，可以引导学生辨别工程决策中体现功利主义的例子：公交路线的规划、电梯按键的高度、私家车的空间布局等，许多工程设计的决策都体现了收益最大（服务人口最多）、成本最小的理念。

在教学中还有必要引导学生对作为伦理立场的功利主义和日常语言中的"功利态度"之间的异同进行辨别。"功利主义"一词译自英文 utilitarianism，其原文强调决策的效用（utility）。不同于日常语言中的"功利"，作为伦理立场的功利主义并非劝导人们"急功近利"。然而，受功利主义影响的"成本收益分析"等方法确实面临过于片面或急功近利的风险。著名的福特"平托备忘录"丑闻突出反映了片面的成本收益分析所蕴含的道德风险（Birsch et al., 1994）。在教学中，可以引导学生分析功利主义的核心逻辑（对快乐和痛苦的计算）存在的局限性。第一，有一些价值是不可计量或难以准确计量的。本章的开篇提到，如何评价人的生命体验，能否给生命"标价"等问题，都仍然面临争议。此外，环境污染所带来的损失或"痛苦"也很难计量，因为环境污染所造成的后果不仅存在于当下，也可能通过遗传或改变地方经济形态等方式波及后代。第二，有些核心的价值观是社会需要守护的底线，不能和一部分人的快乐和痛苦进行简单置换。例如，很少有人能安于良知地回答：多少人、多大限度地享乐值得用另一个人的生命来交换。功利主义的另一个重要的局限是对少数派权利的威胁。以少数人的痛苦来换取多数人更大限度的幸福，这种交换在功利主义的逻辑下是正当，甚至必须的。然而，这种为了多数人利益而牺牲少数派权利的决策可能会违背公平正义的要求。

运用功利主义的原则分析工程决策时，还需要规避多元的利益相关者被遗漏或排除在工程师分析范畴之外的风险。例如，工程研发人员在分析新能源汽车的优势时，往往将注意力集中在汽车的经济成本和碳排放水平等方面，容易忽视新能源汽车产业对车载电池所需的钴、锂、镍等原材料产地的工人和居民的影响。下面的概念导图练习（练习4-4）可以帮助学生识别工程技术所牵涉的多元利益相关者。图4-3展示了部分小组在课上绘制的概念导图。

❊ 练习4–4 新兴技术利益相关者概念导图

以小组为单位，选择下列技术之一，绘制一张所选技术利益相关者的概念导图（10分钟）：

无人机/高铁/人脸识别/机器人伴侣/共享单车/其他工程技术。

绘图完成后，每组选1名代表向全班讲解本组的概念导图。

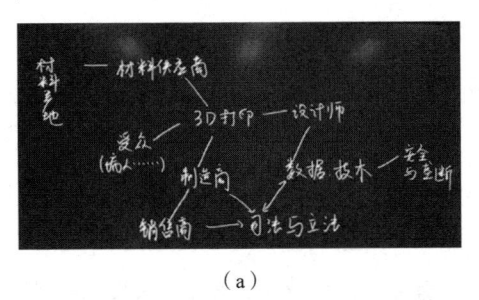

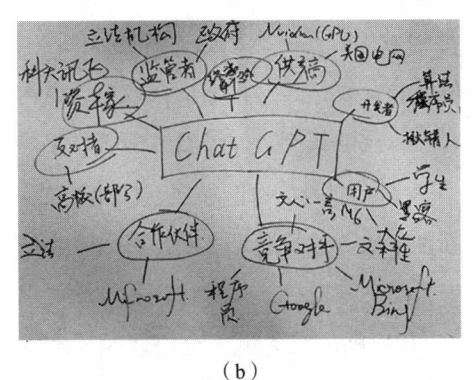

（a）

（b）

图4-3　学生绘制的新兴技术利益相关者概念导图
（a）3D打印；（b）ChatGPT

4.3.3　基于品格的伦理立场

基于规则和基于结果的伦理立场分别侧重行为的过程（是否合规）与结果（利弊多少），没有突出面临选择的行动者自身的品质和动机。我国文化传统中的伦理教育强调对人的塑造，旨在培养品格健全的人。卓越的工程师不仅要创造优质的工程作品，还应该展现宽广的视野和高尚的品格。基于品格的伦理立场（又称"美德伦理"）是伦理学中最基本的分析立场之一。比起以工程标准为代表的基于规则的立场和以工程优化为代表的基于结果的立场，对工程师品格的伦理讨论相对较少。这种情况在一定程度上与工程师的"低调"作风有关：工程共同体往往强调集体精神，较少突出优秀的个体工程师。事实上，品格高尚的卓越工程师并不罕见，他们在优质工程的实现过程中发挥重要的作用。对品格的教学试图提醒学生：工程不仅是依照标准和规范追求优化的活动，也是体现工程师个人品德和价值追求的重要方式。

以孔子为代表的儒家伦理学和以亚里士多德为代表的古希腊伦理学都把美德（卓越的品格）的培养看作伦理学最重要的目的之一。美德伦理学认为，实现人的卓越是最根本的善，而美德，如诚实、勤奋、慷慨、勇敢等，实质是体现卓越的行为习惯。根据美德伦理学的理论，高尚的、卓越的品格是通过长期的教育和个人有意识的修炼形成的，例如，慷慨的品格指的并不是某人在一次偶然的情形中做出舍己利人的选择；相反，一个人在面临取舍时，总是习惯于自我奉献，长此以往，这种习惯就成为慷慨的品格。因此，品格也可以看作个人为自己订立的规则。立志养成慷慨品格的人，凡事都应提醒自己"先人后己"。作为个人自我约束的品格与作为伦理立场的规则之间存在着区别。①伦理规则是由他人或社会设定的，可以看作外界强加在个人身上的约束，而品格是个人的主动选择，是对自己的主动要求。②伦理规则界定了行为的"下限"，违背规则的行为是不合伦理的；品格则可以看作个人追求的"上限"，是通过持续修炼才能达到的卓越状态。辨析品格与伦理规则之间的异同，有助于学生理解工程师的美德。如果从基于规则的立场出发，工程产品或服务只要符合已有的标准即可视作符合伦理。然而，彰显美德、追求卓越的工程师可能提出比现有标准更高的要求。以产品安全为例，一般的工程标准允许产品有一定的事故率，发生事故的频率在标准之内即可视为合格。然而，追求卓越的工程师则可能持续改进自己的设计，不断降低产品的安全风险。

美德伦理教学的一个重要目标是引导学生反思自身的价值观，理解价值观对个人职业发展的长期影响。大学是重估和重塑价值观的重要阶段。面对复杂多变的新信息、新观点和新视角，部分学生会产生"价值观消解"的感觉，认为价值观不过是空洞的口号，不足以指导个人应对复杂的社会生活和职业实践（Perry, 1998）。作为伦理教师，有责任帮助学生全面地理解和评估价值观的作用，体会价值观在个人和组织成长中的基础性作用。笔者在"工程伦理"课上介绍了国家科学技术最高奖得主王大中院士超越行业标准的要求，主动探索核电技术固有安全性的例子，强调了王大中在研发中体现的"跳起来摘果子"的卓越品格（詹媛，2021）。课上还设计了一个"关于'我'的备忘录"的练习，帮助学生认识和反思自身的价值观倾向和影响因素（知识链接4-1）。

4.3.4 综合多种立场分析伦理问题

除了基于规则、结果和品格的3种基本的伦理立场外，工程伦理的分析和讨论中还可能涉及其他的伦理立场。例如，基于自我（egoism）的立场突出个人的偏好和自身利益的维护，认为导致个人利益最大化的选择是伦理上正确的选择；基于契约（contractarianism）的立场强调行为选择应当符合契约的要求；基于权利的立场认为每个人拥有不可侵犯的基本权利，该立场强调尊重和保护个人的基本权利；基于关系的立场认为，在开展伦理分析时不应当默认所有的利益相关者具有同等的权重，因为人们对那些和他们关系相近的人（如家人和朋友）负有更重的伦理责任；基于正义的立场强调伦理原则本身的公平性，以保证作为社会合作的基础的伦理原则能得到不同收入水平、受教育程度和社会地位的社会成员的认可。这些不同的伦理立场，有一些不太受到主流伦理学的认可（如完全基于自我的立场），另一些则可以看作本章所介绍的3种基本伦理立场的组合（如保障个人权利的立场也可以看作约束个人行动不侵犯他人权利的伦理规则）。詹姆斯·雷切尔斯撰写的《道德的理由》（由中国人民大学出版社出版）和 Peter Singer 编撰的 *A companion to ethics*（Singer, 1991）等书籍对各种伦理学的立场和相关理论有较为简明的解释，可以作为课外参考书推荐给学生。

在现实生活中，很多复杂的伦理问题需要综合多种立场来进行分析。下面的3个练习，可以训练学生综合运用多种伦理立场。

❋ 练习4-5 伦理立场综合分析练习1：清洁针具

背景：美国疾病防控中心（CDC）的"注射器服务项目"（俗称"清洁针具"服务）通过向吸毒人员发放清洁的注射器来预防因为针具的交

叉使用而导致的疾病感染。CDC 的研究数据表明，清洁针具服务在预防疾病感染和鼓励来访者寻求戒毒服务方面具有显著的效果。我国部分地区的卫生部门也曾试行清洁针具服务。然而，吸毒在我国是违法的，在美国的部分地区，向吸毒人员提供清洁针具也违反当地的法律。

练习：课堂分为 4 个小组，以小组为单位进行讨论（并根据需要补充搜索相关信息）后，向全班分享。

第 1 组："清洁针具"服务体现或违背了哪些美德？

第 2 组："清洁针具"服务遵守或违背了哪些相关规则？这些规则是否具有普适性？

第 3 组："清洁针具"服务可能造成哪些后果？这些后果是正面还是负面的？

第 4 组：综合前面 3 组的分析，应该如何对待"清洁针具"服务？

表 4-1 列举了学生在课堂讨论中提出的部分观点。

表 4-1 清洁针具练习学生观点汇总

分析维度	学生观点
美德	体现的美德：尊重生命，关怀他人 违背的美德：健康的生活
规则	遵守的规则：履职（疾病的救治和预防是公共卫生部门的职责） 违反的规则：禁毒相关法律
后果	正面的后果：减少感染，挽救生命 负面的后果：可能鼓励吸毒，可能影响卫生部门的公众形象
决策	允许在毒品问题较为严重的地区试行，但不宜进行大规模宣传

❋ **练习 4-6 伦理立场综合分析练习 2：限速汽车**

背景：汽车超速是造成交通事故的主要原因之一。随着汽车信息化和智能化程度的提升，有可能设计一种汽车，只能在每个路段限速范围内行驶。从结果、规则和（设计师）品格的角度分析支持和反对设计这种汽车的理由。

✽ 练习 4-7　伦理立场综合分析练习 3：利用脑机接口打造运动习惯

背景：运动不足会对身体的多个系统和功能产生不利影响，增加患多种疾病的风险。因此，保持适量的体育运动对于维护身体健康至关重要。世界卫生组织建议成年人每周至少进行 150 分钟的中等强度有氧运动，或 75 分钟的高强度有氧运动，以减少这些健康风险。对于没有运动习惯的人，能否利用脑机接口打造运动习惯？从结果、规则和品格的角度如何分析？

4.4　运用伦理推理方法进行案例分析

由于信息不充分、多种伦理立场并存以及伦理问题的隐蔽性等因素，现实情境中的很多伦理问题都相当复杂。伦理推理的方法为分析复杂伦理问题提供了一种梳理信息和组织观点的框架（Tang et al., 2022）。借鉴工程设计中常用的"定义问题—收集信息—运用原则—形成、评价和执行方案—总结反思"的迭代过程，伦理推理在迭代过程的每个步骤中结合了伦理学的理论和概念，如图 4-4 所示。

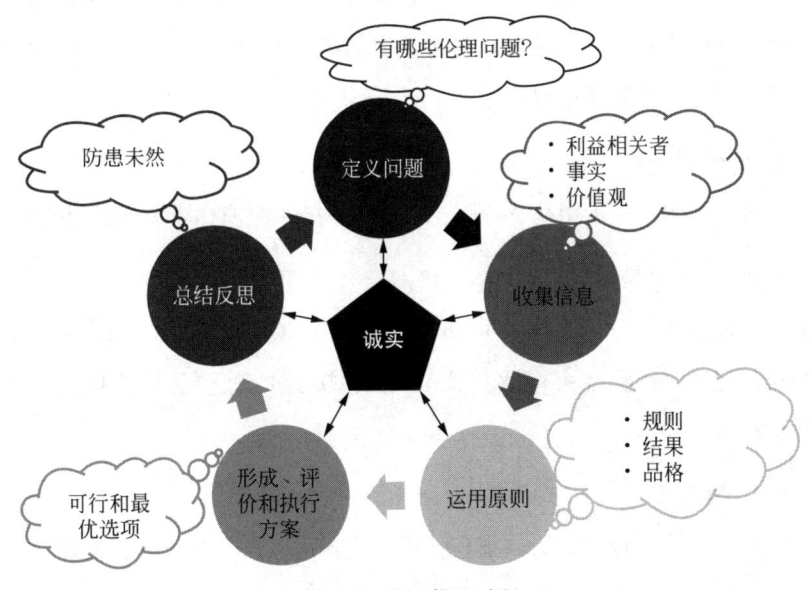

图 4-4　伦理推理过程

1. 定义问题

该步骤强调相关情境中伦理问题的识别。除了通过伦理的定义（好坏对错的辨析）和价值观冲突来识别伦理问题，还可以向学生介绍几个识别伦理问题的策略：

（1）对照伦理直觉。考虑情境的描述中是否有让人感觉不舒服或不放心的地方。这种"不适"可能是发现伦理问题的重要线索，昭示出相关的行为与我们的伦理直觉相悖。

（2）根据"己所不欲，勿施于人"的原则，考虑情境中是否有个人或团体受到我们自己不愿经历的待遇。

（3）运用公众测试。问问自己，"如果我是当事人，能够接受自己的行为/选择登上网络热搜吗？"如果答案是否定的，则进一步考虑自己的顾虑是否涉及伦理问题。

2. 收集信息

在做出伦理判断和决策前，应当尽可能地收集与伦理情境相关的事实和信息。在教学中，当已有的信息不足以支撑有效的伦理分析时，可以鼓励学生通过网络搜索、文献查阅或实地调研等方式补充相关信息，也可以通过绘制概念导图的方式列举和伦理情境关系密切的利益相关者，考虑不同的利益相关者所秉持的价值观和利益诉求。

3. 运用原则

在这一步骤中，运用基于规则、结果和品格的伦理立场来分析相关情境。

4. 形成、评价和执行方案

根据前3步的分析，列举可能的行动方案。在此基础上，综合考虑伦理立场和其他相关因素（可行性、成本、社会接受度等），选择伦理上最理想的行动方案。

5. 总结反思

反思相关的伦理问题为何出现，哪些措施可以从源头上避免伦理问题的发生。基于已经开展的伦理推理分析，考虑分析的结果对未来的启示。

伦理推理的教学中，有两点值得向学生指出。第一，伦理推理不是线性的，而是一种迭代的分析方法。在推理过程中，分析者可能在不同的步骤之间进行往复迭代。例如，在分析利益相关者（步骤2）时，可能因为揭示了先前被忽略的利益相关者而发现新的伦理问题（步骤1）。第二，伦理推理提供了一种分析框架，这个框架本身并不包含解决伦理问题的方案，也不倾向于特定的行动选项。伦理问题的应对，最终取决于决策者的价值观和伦理素养。伦理推理方法的价值在于，它提供了一种较为有序和相对全面的程序，为处理复杂的伦理情境提供了思路。

伦理推理方法非常适合案例教学。本节介绍清华大学本科通识"工程伦理"课上使用伦理推理方法分析案例"弗雷德的选择"的情况。案例的原文选自《工程伦理：概念与案例（第4版）》。考虑到课堂教学中学生及时掌握案例要点的需要，在课上引入案例时未使用案例的原文，而采用了"讲义呈现案例要点+教师口头补充信息"的方式。讲义的内容如下：

☞ **案例 4-1　弗雷德的选择**

（1）弗雷德是任职于某高级表土疏松机公司的机械工程师，该公司所生产的一款热销产品是切割粉碎机，用于家庭庭院废物研磨和堆肥。

（2）切细的废物堵塞卸料槽时，如果在开机状态下伸手清理，容易受伤。产品上市5年内，已有超过300起操作人员受伤的报道。

（3）公司总裁召集工程师和法律顾问开会讨论减少法律责任，法律顾问提出了3个方案：

①在粉碎机上贴上醒目的警告标识；

②在用户手册上印制警告；

③在用户手册中说明安全的操作方法：安装碎屑收集袋，在堵塞时关闭机器，更换收集袋，然后重启机器。

（4）弗雷德操作过机器，知道机器重启很麻烦，用户习惯在机器运行状态下清理堵塞的卸料槽（Harris et al., 2009）。

针对该案例，学生在课堂上讨论的主要内容如表4-2所示。

表 4-2 "弗雷德的选择"案例分析观点汇总

伦理推理步骤	学生观点
1. 定义问题	产品在上市前没有经过充分的测试，未消除违规操作的安全隐患； 公司法律顾问提出的都是免责措施，没有实质性地降低产品的安全风险
2. 收集信息	已知相关事实： 5 年内超过 300 起操作人员受伤； 公司内部已经知晓产品的安全风险 未知信息： 该产品与市场竞品在安全表现方面的对比； 产品改造的成本（是否能保持产品在价格上的竞争力）； 受伤人员占 5 年内售出产品的比例； 受伤人员所受伤害的严重程度 利益相关者及主要诉求： 公司员工——公司业绩； 公司股东——公司利润，规避风险； 弗雷德——公司业绩，工程团队的表现，工程师的伦理责任； 消费者——安全，产品使用方便，产品价格低廉； 媒体——监督和保障公众利益； 市场监管——保证市场的公平和秩序； 竞争对手——赢得市场竞争
3. 运用原则	从规则角度分析： 安全警示可能满足相关的法律要求； 在产品上市前没有充分测试和消除安全风险，可能不符合相关法规； 工程伦理守则要求工程师保护公众安全 从结果角度分析： 改进产品的安全性可能带来价格上升，影响产品的市场竞争力； 若不进行实质改进，产品可能继续造成用户受伤； 如果安全隐患被媒体或竞争对手知晓，可能给公司带来公关危机，影响运营 从工程师品格角度分析： 忠诚履职已经满足了公司对雇员的要求； 追求卓越的工程师应该通过设计创新努力提升产品的安全性能（并控制成本）； 负责任的工程师应该致力于维护公众（用户）的安全

续表

伦理推理步骤	学生观点
4.行动方案	不作为（公司管理层和法律顾问已经提出了方案，身为工程师的弗雷德不需要再做什么）； 要求公司通过进一步研发解决产品的安全隐患，同时大力宣传公司重视用户安全的行为； 在要求公司消除产品安全隐患得不到响应的情况下，从公司辞职； 在要求公司消除产品安全隐患得不到响应的情况下，向媒体或有关方举报； 利用自己的业余时间进行研发，提出一个成本可控的产品安全改进方案； 向公众宣传产品安全使用的方法，尽量避免违规操作引起的受伤； 设计一个代替人的手臂进行开机状态下清理堵塞的工具，作为安全配件出售给切割粉碎机的用户（既提高了产品的安全性，也能为公司创造额外的销售收入）
5.总结反思	反思问题产生的根源，学生认为，产品在推向市场之前若有充分测试，有可能提前发现安全隐患，通过及时的技术改进来降低产品的安全风险

经过伦理推理分析，大部分学生不认可仅通过产品使用说明来免责的做法。部分学生认为，改善产品的安全性，不一定是造成成本上升或利润下降的零和博弈。相反，公司可以通过宣传安全文化和承担安全责任来赢取用户的信任，也可能通过安全配件的销售来兼顾产品安全和利润目标。伦理推理分析启发学生跳出了"不作为"和"得罪公司"之间的简单二分法，学会用更广阔和更有创造性的方式理解和应对伦理问题。

4.5 小结

不少人把伦理等同于脱离现实的抽象思辨或陈词滥调的空洞说教。这些偏见和误解使一些学生对学习伦理望而却步。要提升学生的伦理思维能力，引导学生主动承担伦理责任，需要使他们认识到，伦理的本质是社会集体为解决现实冲突而提出和不断修正的准则和规范，是处理社会矛盾的实践经验的总结。在工程伦理教学中，应当进一步帮助学生认识到价值判断和伦理选择与工程实践活动的紧密联系。对伦理理论、概念和方法的教学，应力求创造条件让学生在具体情境中发现伦理问题，在讨论中形成、比较和评估伦理决策，并反思自身的伦理立场。

参考文献

[1] BIRSCH D, FIELDER J H. The Ford Pinto case: A study in applied ethics, business, and technology[M]. New York: State University of New York Press, 1994.

[2] CHAUDHARY U, VLACHOS I, ZIMMERMANN J B, et al. Spelling interface using intracortical signals in a completely locked-in patient enabled via auditory neurofeedback training[J]. Nature Communications, 2022, 13(1): 1236.

[3] HARRIS C E, PRITCHARD M S, RABINS M J. Engineering ethics: Concepts and cases[M]. 4th ed. Belmont, CA: Wadsworth, 2009.

[4] KANT I. Groundwork of the Metaphysics of Morals[M]. Cambridge: Cambridge University Press, 1997.

[5] PHILLIPS T. Checking the box: Reflections on research ethics education, compliance, and the promise of harmonization[J]. Teaching Ethics, 2023, 23(2): 285-301.

[6] PERRY W G. Forms of ethical and intellectual development in the college years: A scheme[M]. San Francisco: Jossey-Bass, 1998.

[7] SINGER P. A companion to ethics[M]. Malden: Wiley-Blackwell, 1991.

[8] TANG X, MENDIETA E, LITZINGER T A. Developing an online data ethics module informed by an ecology of data perspective[J]. Science and Engineering Ethics, 2022, 28(2): 21.

[9] 詹媛．王大中：科研如登山 需要悟性勇气和韧性 [EB/OL]. (2021-11-04)[2025-03-19]. https://m.gmw.cn/baijia/2021-11/04/35285179.html.

[10] 李正风．工程伦理 [M]. 北京：高等教育出版社, 2023.

知识链接 4-1 "关于'我'的备忘录"

1. 我对自己最自信/自豪的地方。

2. 我想改变自己的部分（习惯、状态等）。

3. 当我有充分时间时我想做的事。

4. 我的榜样。

5. 目前对我影响最大的书（或我自愿重读过一遍以上的书）。

6. 现阶段对我影响最大的观点来源（人、媒体、体验等）。

7. 我未来 3~4 年的目标。

8. 我在 30 岁时的理想状态。

9. 为实现我的目标我想要培养的品质。

10. 要培养这些品质我需要做出的改变。

11. 要培养这些品质我所需要的外界（学校、老师、同学、家人、朋友）支持。

第 5 章
工程职业

引言：工程师之戒

每年的毕业季，从加拿大工程教育认证委员会（CEAB）认证的工程项目毕业的学生会收到一份"工程师的召唤"（The Calling of An Engineer）仪式的邀请。这个仪式的目的是"引导年轻工程师建立对职业的意识和理解职业的重要意义，同时提醒资深工程师具有接受和欢迎年轻工程师并在后者的职业生涯之初提供支持的责任"（Camp 15 Waterloo, 2025）。毕业生在仪式上宣誓：绝不容忍工程工艺或材料上的瑕疵，开放地分享自己的智慧，守护工程职业的尊严和声誉。宣誓结束后，由资深的工程师为年轻的工科毕业生戴上一枚铁制的戒指。

"工程师的召唤"仪式的倡议于 1922 年提出，提议者是多伦多大学工学教授 Herbert E.T. Haultain。在得到工程界的广泛支持后，加拿大的工程领袖邀请了著名的英国文学家、诺贝尔文学奖得主鲁德亚德·吉卜林设计仪式的内容并为参加仪式的工程师撰写了誓词。第一次"工程师的召唤"仪式于 1925 年举行，此后一直延续至今。在百年的历史中，超过 50 万加拿大工程师参加了这个仪式，戴上了象征职业工程师荣誉和责任的铁戒指。

同医学生熟悉的《希波克拉底誓言》一样，"工程师的召唤"仪式和加拿大工程师佩戴的铁戒指时刻提醒着工程师所肩负的职业责任。工程伦理阐述了职业工程师对客户、公众和工程职业共同体的伦理责任。本章首先介绍职业的概念，并解释职业伦理在维系职业的合法性和社会地位方面的关键作用。工程职业共同体的伦理自律主要由工程师职业协会通过制定和执行《工程伦理守则》的方式实现。本章介绍工程伦理守则的性质以及守则在工程伦理教学中的应用。有别于其他职业，工程伦理问题独特的"工程性"突出了工程决策中综合视角和价值判断的重要性。最后，本章讨论工程师参与职业共同体的伦理文化和制度建设的责任。

5.1 职业和职业伦理

我国的工程伦理教育是从国外引入的。董小燕发表于 1996 年的《美国工程伦理教育兴起的背景及其发展现状》被广泛看作国内最早介绍工程伦理教育的学术论文（董小燕，1996）。西方的学术界把工程伦理看作职业伦理（professional ethics）的一个分支。这种分类的前提是：工程是一种职业性活动；工程师是一种职业身份，是工程职业共同体的一员。工程职业（the engineering profession）的概念在我国仍处于形成和发展阶段，有必要在教学中进行解释。在中文语境下讨论"the engineering profession"，经常碰到的问题是："profession"一词该如何准确地翻译？"profession"通常被翻作"专业"或"职业"。例如，"professional society"在中文中通常译作"专业学会"或"专业协会"，以体现此类组织的学术性，而"professional athletes"在中文中译作"职业运动员"，以区别于（不依赖体育竞技谋生的）业余运动员。事实上，"专业"和"职业"各自表达了英文中"profession"的一部分含义："专业"强调专门知识的积累和较高的业务水准，"职业"则强调从业者把相关业务作为生计，高度专注地投入。英文中的"profession"表示在特定领域经过了系统训练，具备了一定排他性的知识和技能，是从业者赖以为生的事业。很多国家通过制度和考试等手段为"profession"设置了较高的门槛，因此，并非所有的行业都可以称作"profession"。由于中文语境中的"职业技术教育"等表述让部分人产生"职业"更偏重实际应用而不太注重高深知识的印象，中文翻译者有时更倾向于使用"专业"一词（如"专业设计师""专业工程师"等）来体现"profession"所代表的较高的知识水平和社会地位。然而，在考察"profession"一词的语言学和社会学含义后，笔者认为，"the engineering profession"应该统一译作"工程职业"。

《韦氏词典》给出的"profession"释义如下(中文翻译为笔者添加):

(1) the act of taking the vows of a religious community(向一个宗教共同体宣誓的行为)。

(2) an act of openly declaring or publicly claiming a belief, faith, or opinion: PROTESTATION(公开宣告或宣示一种信念、信条或观点的行为:郑重声明)。

(3) an avowed religious faith(一个被宣誓的宗教信条(的内容))。

(4a) a calling requiring specialized knowledge and often long and intensive academic preparation(一种需要专门知识和通常经过长期、密集的学术准备的使命的召唤)。

(4b) a principal calling, vocation, or employment(一种主要的使命召唤、职业或雇佣关系)。

(4c) the whole body of persons engaged in a calling(响应一种使命的召唤的所有成员(Merriam-Webster, 2025))。

《韦氏词典》的释义显示,"profession"原指向某种信条宣誓效忠。词典释义中的第4条更加接近当代"profession"的概念,即经过了专门训练,是成员赖以谋生,为响应某种使命的召唤而开展的事业。从语义上看,"profession"并非简单地指代某个行业从业人员的集结;它强调所从事的事业具有神圣性,而"profession"的成员必须具备追求和发扬这项神圣事业的使命感。最早的"professional"(职业人士)包括神职人员,而后为大众所熟知和认可的"professional",如医生、教师、军人、司法人员、工程师等,这些职业身份的共性是:他们不仅依靠专业化的服务来获取报酬,同时也都强调通过职业实践服务社会需求的责任感和使命感。

《汉语大词典》将"专业"解释为:①专门从事某种学业或职业。②专门的学问。③高等学校或中等专业学校所分的学业门类。④产业部门的各业务部分(汉语大词典编纂处, 2007)。可见,"专业"一词强调所从事的业务在学术和知识上的专门性。相比之下,汉语中的"职"字,有"职责""天职"等含义。工程活动的确具有很强的专业性,然而"工程职业"一词更有力地表达了"the engineering profession"所蕴含的责任感和使命感。

职业是现代社会中一种非常重要的组织形式，在社会的平稳运行中发挥举足轻重的作用。相较于利用政治权威干预社会的政府，职业对社会的影响力主要源于专业知识和技能。比起市场的逐利倾向，职业更加强调使命的坚守。因此，社会学家把职业看作政府和市场之外调节社会的"第三种力量"（Freidson, 2001）。职业的一个重要特点是它与政府、市场之间相对独立，享受职业自主性（professional autonomy）。在知识和分工高度专业化的职业领域，政府的行政命令和市场的供求关系都无法及时充分地代替职业人员基于自身专业判断的决策。例如，医生对病人的诊断，既不能受政治主张的干扰，也不能受经济环境的影响，而只能依据医学知识和诊疗经验。在桥梁建设中，一旦投资的决策已经做出，桥梁的设计和建造参数、材料选择等重要决策也都听命于工程师的分析和判断。可以说，职业人士在其所辖领域的高度自主性是一种特权，这种特权来源于公众对职业共同体的高度信任。信任是职业得以存在、职业业务得以开展的前提。一个病人能接受一群素不相识的医护人员对其进行开颅手术，凭借的是对医疗职业的信任；一位乘客能放心地登上航班飞向万米高空，靠的是对机组人员、对设计和制造飞行器的航空工程职业的信任。公众信任的存在大幅降低了在每次业务中对提供服务的职业进行资质审查的成本，使许多的公共服务成为可能。然而，这种信任是动态的，需要职业共同体的全体成员积极努力地维护。一次恶性的医疗事故可能影响公众对医护职业的整体信任，一次机械故障会让大批乘客对飞行安全惴惴不安。为了维护公众的信任，职业共同体在遵守相关法律和规章制度的同时，也高度重视伦理自律，通过职业组织的教育、交流和内部规范等方式提高职业成员的伦理水平。

把握职业特权、公众信任和伦理自律之间的互动关系是理解工程伦理性质的关键。工科大学生所接受的工程伦理教育是这些未来工程师们"职业化"的一部分。这使他们认识到，在大学生和普通公民的身份之外，自己作为一个职业工程师所面临的伦理规范和约束。这些规范和约束源自工程职业共同体为维护公众的信任而做出的承诺。

5.2 工程师的职业组织和工程伦理守则

工程师职业协会（学会）是工程职业共同体建设的重要组织形式，在引导和推动工程职业伦理建设方面发挥着重要作用。工程师职业协会一般通过发布和维护伦理守则、设置奖项、分享伦理教育资源、制定教育和考试标准等方式规范协会成员的职业行为。

工程师伦理守则（code of ethics）是工程师职业协会对其成员进行伦理规范的重要形式之一。很多工程伦理教材都提到，工程师对"公众安全、健康和福祉负有至高无上的责任"。这条规定来自美国国家职业工程师协会（National Society of Professional Engineers, NSPE）《工程师伦理守则》开头的"基本条例"（Fundamental Canons），全文共6条（中文翻译由笔者添加）：

（1）Hold paramount the safety, health, and welfare of the public.（将公众安全、健康和福祉置于首位。）

（2）Perform services only in areas of their competence.（只在自己胜任的领域提供职业服务。）

（3）Issue public statements only in an objective and truthful manner.（只以诚实客观的方式发布公开声明。）

（4）Act for each employer or client as faithful agents or trustees.（忠诚履行作为雇主或客户的代理人或委托人的义务。）

（5）Avoid deceptive acts.（避免欺骗性行为。）

（6）Conduct themselves honorably, responsibly, ethically, and lawfully so as to enhance the honor, reputation, and usefulness of the profession.（以合法、合乎伦理、负责、体面地方式行事以增进职业的荣耀、声誉和效用。）（National Society of Professional Engineers, 2025）

这6条"基本条例"（尤其是其中的第一条）也被许多其他工程师职业协会（如美国机械工程师协会）所采纳。

学术界对于工程师伦理守则的"进步性"仍然存在争议。有学者认为，伦理守则代表了工程职业共同体在伦理自律方面的最高理想（Davis, 1991）；

但也有学者指出，伦理守则作为工程师自行设立的伦理规范，具有自我宣传和自我美化的成分，甚至有一些避重就轻的条款（Ladd, 1985）。在教学中，可以根据需要组织学生讨论伦理守则的性质、进步性和局限性。工程师伦理守则的性质和第4章介绍的伦理规则有相似之处，可以把伦理守则看作工程职业语境中特定的伦理规则。应该指出，遵守伦理守则体现了工程职业共同体中的合规要求，但工程师对伦理责任的承担不必以伦理守则的要求作为上限。另外，伦理守则的内容也不是一成不变的。很多工程师职业协会坚持对守则的文本进行定期修订以体现不同时期的工程师对职业伦理责任的理解。哲学家 Carl Mitcham 注意到，早期的工程师伦理守则更多地强调工程师对雇主的责任，对于工程师的公众责任关注较少（Mitcham, 2009）。20世纪中叶以来，越来越多的工程师伦理守则进一步强调了工程师对公众的责任。电气电子工程师协会（IEEE）在很长时间里并没有在《伦理守则》中采纳"工程师对公众安全、健康和福祉负有至高无上的责任"的条款（Tang et al., 2017）。在近年的修订中，IEEE 不仅加入了该条款，还在世界各大职业工程师协会中率先把"基于伦理的设计"和"可持续发展实践"写入了《伦理守则》（IEEE, 2025）。

我国的工程职业共同体建设还处于起步阶段，但职业工程师协会已经在我国工程伦理建设中发挥关键的作用。2021年，中国化工学会发布的《中国化工学会工程伦理守则》是我国第一份全国性工程师职业伦理守则。同年，中国工程师联合体（Chinese Society of Engineers，CSE）成立，并于2023年发布了关于"公开征求《中国工程师联合体工程伦理守则（征求意见稿）》意见的公告"，为正式发布中国工程师联合体的《工程伦理守则》迈出了关键的一步。

除了制定和实施伦理守则，职业工程师协会还通过设立奖项、开发/分享教学资源、制定教育和考试标准等方式弘扬和落实工程师的伦理责任。例如，IEEE 设立了"公共利益杰出贡献奖"以表彰甘冒风险维护公共利益的工程师。NSPE 则通过组织"伦理竞赛"、发布伦理案例、制作工程伦理视频等方式分享工程伦理教育的相关资源。此外，由多个职业工程师协会共同组成的美国工程教育认证会（ABET）把工程伦理教育纳入了工程教育专业认证的标准（ABET, 2023），美国工程与测绘考试理事会（NCEES）也把工程伦理作为申请注册工程师的考试内容。把工程伦理纳入工程教育和考试标准的做法从制度上保障了工程伦理教育的开展。

由于其制度性、权威性以及和工程职业实践的紧密联系，工程伦理守则在工程伦理教学中有相当丰富的应用。例如，在伦理推理（详见第4章）"运用伦理原则"的步骤中（步骤3），除了考虑规则、结果和品格等基本伦理原则，还可以提醒学生参考相关领域的工程伦理守则。基于工程伦理守则的内容，可以围绕理解、评估和改进等不同层次的学习目标开展相关的教学活动。

为帮助学生准确理解工程伦理守则的相关规定，可以组织学生对守则的具体要求进行讨论，如下面的练习5-1所示。

❊ **练习 5-1　解读 NSPE《工程师伦理守则》"基本条例"**

　　NSPE《工程师伦理守则》中的"基本条例"分别要求工程师做什么和不做什么？各举一例（每组负责为一条准则举例，然后向全班分享）：

　　1. Hold paramount the safety, health, and welfare of the public.

　　2. Perform services only in areas of their competence.

　　3. Issue public statements only in an objective and truthful manner.

　　4. Act for each employer or client as faithful agents or trustees.

　　5. Avoid deceptive acts.

　　6. Conduct themselves honorably, responsibly, ethically, and lawfully so as to enhance the honor, reputation, and usefulness of the profession（National Society of Professional Engineers, 2025）.

对比不同版本的工程伦理守则可以锻炼学生对伦理守则进行评估的能力。不同时代、不同领域的工程师对自身的职业伦理责任有不同的考虑和理解。这些差异部分体现在不同时期、不同协会所发布的工程伦理守则中。通过守则文本的对比可以观察不同版本的伦理守则如何表述工程师的伦理责任，并进一步分析这些不同表述背后所体现的态度和立场。用于对比的素材可以选取同一协会不同时期的守则来纵向地体现工程师共同体职业伦理观念的演化，也可以选取同时期不同协会的守则来考察不同领域的工程师对伦理的态度（如对比美国土木工程师协会和石油工程师协会的伦理守则对可持续发展相关内容的表述），还可以通过不同国家或地区工程伦理守则的对比来理解不同文化语境下的工程伦理规范。

为了培养学生参与工程伦理文化和制度建设的能力，可以引导学生撰写工程伦理守则或对现有的守则进行修订。下面的练习是笔者在清华大学创新领军工程博士"工程伦理"课上布置的作业。在学生具有适当准备的情况下（如了解过工程职业组织的特点和功能），这个练习也适用于本科或硕士生层次的工程伦理教学。

❋ **练习 5-2　工程伦理守则撰写和分析**

任务一：伦理守则写作（小组完成）：选择 1 个目标组织（可以是组员所在的单位、部门、行业协会或虚构的工程职业组织），以小组为单位共同为该组织起草 1 份《伦理守则》。要求：

①简要介绍目标组织的情况（成员、使命等）；

②不超过 1000 字。

任务二：伦理守则分析（个人完成）：针对全组创作的《伦理守则》，独立撰写个人对该守则的分析。要求：

①考虑组织的性质和伦理守则的目标；

②讨论守则的适切性、可操作性和局限性；

③包含规范的引用和参考文献；

④不超过 800 字。

5.3　工程伦理问题的特点

5.3.1　跨学科、非良构的复合型问题

作为职业伦理的一个分支，工程伦理的特殊性在很大程度上与工程活动的特点息息相关。真实世界中的工程问题通常是跨学科、非良构（ill-structured）的复合型问题。工程项目通常糅合了技术、经济、社会和管理目标，需要调动多个学科的知识和视角来支持相关的分析。工程团队中往往也包含了具备不同学科知识和技术背景的成员，既有工程师，也有其他职业的从业者。同时，真实的工程问题往往结构复杂、边界模糊，没有事先界定工作任务中的哪些部分应该由工程师负责解决。因此，工程师的重要任务之一是在实践中通过迭代来逐步明确工作的目标。此外，很多工程问题都是复合型问题，需要同时实现多个维度的目标（如安全、经济性和实用性），并且目标之间无法简单化约（如不能把安全目标通过系数转化为经济目标）。工程问题的复合性意味着，一般的优化方法并不完全适用，工程师在很多时候不得不做出基于自身价值观的判断和取舍（如花费多少经济成本去维护产品的安全性）。由于工程问题的跨学科性、非良构性和复合性等特点，对工程伦理问题的分析除了参考相关的伦理理论和方法，还需要综合考虑技术、政治、经济、社会等相关信息和影响因素。我国大学生在本科阶段通常以校内学习为主，产业实习的经历有限，对工程职业实践的体会和理解也较为有限。考虑到学生的特点，教师在教学中既要选择合适的媒介向学生展示工程伦理问题的复杂性，又要对问题的呈现方式进行设计，对问题的复杂度进行适度"降维"，以匹配学生的认知水平。例如，笔者在本科通识"工程伦理"课程的教学中，以福特工程师对平托汽车安全和成本的分析（Birsch et al., 1994）和北京丰台区储能电站火灾事故（北京市应急管理局, 2021）两个案例来展现安全和经济效益相冲突的复合型工程问题。

5.3.2 影响大、波及广

工程伦理受到高度关注的另一个原因是，工程中的伦理问题往往具有影响大、波及广的特点。大型能源项目的选址、高铁的修建、航天器的设计等工程项目往往涉及数量巨大的资金、人力和时间投入。桥梁建造、医疗器械和建筑涂装材料等工程产品与公众的生命安全和生活质量息息相关。由于工程专业知识的壁垒和工程技术的高速迭代，公众不得不将事关自己切身利益的关键决策委托给工程师。工程的高度敏感性和巨大影响力意味着，工程师的伦理失范可能引起强烈的社会反弹。1986 年，美国"挑战者号"航天飞机因为管理层和工程团队的不当决策而发生爆炸，引起社会公众对美国航空航天局（NASA）的严重质疑，导致美国载人航天事业的发展滞后多年（Vaughan, 1996）。此外，因为追逐短期利益、忽略工程伦理要求而造成长期经济损失的案例也屡见不鲜。例如，波音公司 737Max 机型因为设计缺陷而连续出现空难之后，不少波音公司的长期客户取消了波音的订单，而波音的竞争对手空客的订单却持续增长（Spray, 2024）。

5.3.3 路径依赖

比起工程事故所造成的安全和经济等方面的有形的损失，工程选择所带来的深度影响还体现在一些不易察觉的方面。大型的工程建设往往会形成自我强化的"惯性"。换言之，一种工程方案达到一定规模后，可能造成"路径依赖"，挤占其他方案的发展空间。第二次世界大战结束后，美国进行了大规模的高速公路建设，奠定了美国当代交通网络的格局。高速公路的普及助推了美国汽车工业的繁荣，也强化了石油进口的需求，汽车和石油等产业的发展也进一步影响了美国的内政外交（包括军事行动）。方便的驾车出行也改变了美国居民的居住选择（更多人选择搬到郊区居住）。居住偏好的变化和房地产行业扩张相互推动，导致美国城市"郊区化"（suburbanization）的倾向不断加深，也造成一些美国城市的"空心化"和区域发展的不平衡。各种因素的叠加使美国成为名副其实的汽车之国，而其他的交通方式，如公交、铁路等，却因为资金支持和发展空间不足而不断衰落。可以说，高速公路工程给美国的经济、外交、社会结构和环境的可持续性带来难以估量的影响（Swift, 2011）。有学者认为，很多看似中立的技术选择实际上深刻地影响了人们的观念和行为，其作用不亚于正式的制度和政策。因此，技术选择可以看作一种"立法"（Schraube, 2021），而决定这些选择的工程技术人员实际上扮演了代替公众决策的立法者的角色。

5.4 工程师对职业共同体的伦理责任

5.4.1 工程师的公众形象

工程师既代表一种职业称谓，也代表一个个鲜活的个体。工程师在世界范围内都是一个比较"低调"的职业，较少进行宣传推广。偶尔在公众视野中亮相的工程师也大多以集体的面目出现。相比大众文化中耳熟能详的著名科学家、名医等职业科技工作者，工程师的显示度相对较低。这种低调体现了工程师谦逊的品格，也有助于工程师把注意力集中在工作上。不过，一些工程界领袖和学者担心，工程师在公众心目中较为"稀薄"的职业形象可能会削弱工程师群体的职业认同感，也可能会影响青少年选择工程师职业的意愿（Aschbacher, 2010）。引导学生进一步认识工程师的职业，思考工程师对职业共同体的健康发展所担负的责任，也是工程伦理教学的一部分。在科学教育领域中，研究者经常使用"画一个科学家"的练习来考察青少年对科学家公众形象的认知。笔者改编了这个练习来启发学生思考工程师的公众形象。

❈ **练习 5-3 "画一个工程师"**

向每位学生分发一张白纸和若干彩色铅笔。要求：
（1）画一个工作中的工程师；
（2）把你的画作拍照分享到课程微信群。

在学生上传画作之后，教师可以邀请学生分享绘制工程师画像时的思考。图 5-1 显示了清华大学"工程伦理"课上部分学生所绘制的工程师画像。图 5-1（a）强调了工程师的团队属性。绘制画像的学生借助工程师身边的"另一个人"来体现工程师和不同部门、不同工种的合作者协同工作的场景。图 5-1（b）中的工程师分别出现在 3 个场景：办公室科研、课堂教学和工厂中的生产运营。画像的作者突出了工程师工作任务的多样性。图 5-1（c）的作者描绘了自己所熟悉的女性工程师的形象。图 5-1（d）突出了工程师经常面临同时处理多重任务的忙碌状态。

《工程师》

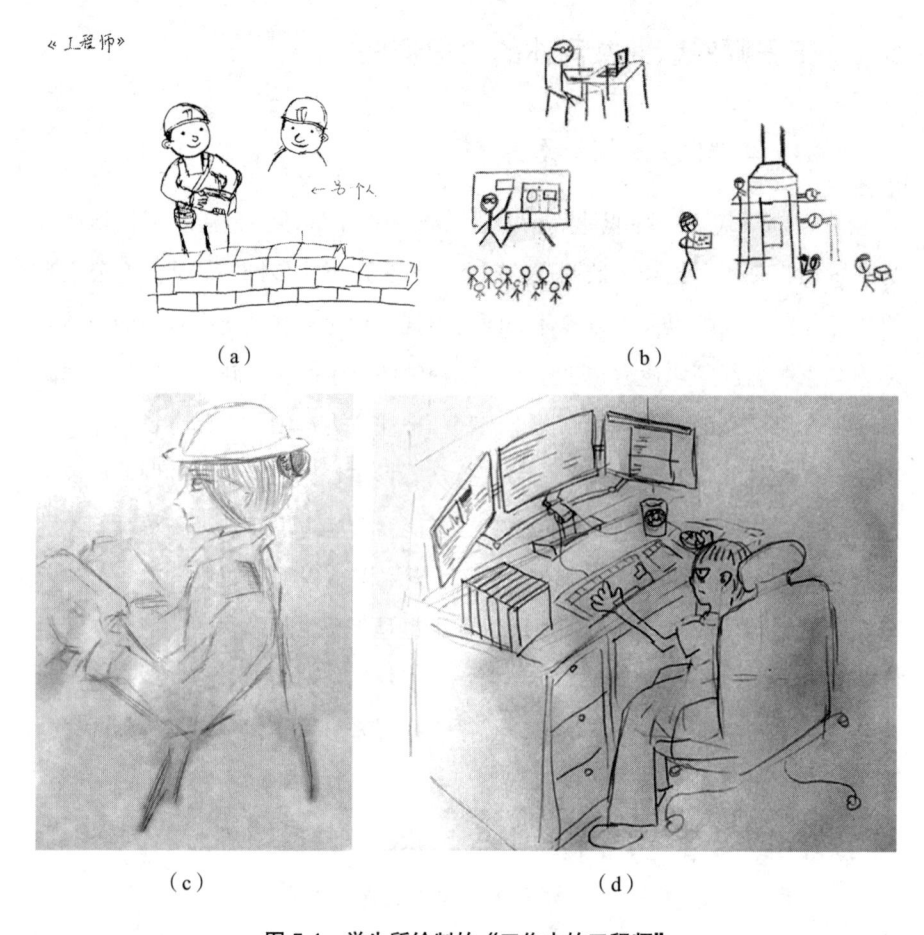

图 5-1 学生所绘制的"工作中的工程师"
(a) 集体协作中的工程师；(b) 工程师任务的多样性；(c) 女性工程师；(d) 忙碌的工程师

5.4.2 工程职业共同体的多元、平等和包容

学生画作中展现的多样的工程师形象为讨论工程师队伍的多元性提供了线索。近年来，工程职业共同体的多元、平等和包容成为国际工程伦理与工程教育领域高度关注的问题。对我国的大学生来说，直观感受较为明显的是工程师队伍和工科大学生构成的性别失衡。这种现象的成因较为复杂，既有外部的社会、经济和文化等结构性因素的影响，也与传统的工科教学方式和工程职业文化有关。例如，工程教育的研究发现，个别的工科教师在教学中

存在轻视女生学业能力的情况（侯嘉琪，2023）。此外，一些工程实践领域仍需着力建设平等、相互尊重的职业文化。例如，在卓越的女性隧道工程师不断涌现的同时，认为"女性进入隧道不吉利"的歧视性言论仍然时有发生（张盖伦，2021）。工程职业伦理不仅强调工程师对客户和公众所承担的责任，也关注工程师如何在工程职业共同体内部彰显平等、尊重的价值观。独白剧《完美女孩》在20分钟左右的篇幅中探讨了工程技术与人的边界、性别与权力关系、法律与伦理等话题，适合在课上观看和讨论。

我国学术界对于工程职业共同体多元、平等和包容的研究还处于起步阶段。令人振奋的是，我国的工程师职业协会已率先行动，为建设多元、平等和具有包容性的工程共同体提供了重要的制度保障。《中国化工学会工程伦理守则》要求学会成员"在职业工作中保持客观、公正、公平和相互尊重，积极营造包容、合作的工作环境，促进团队合作，尊重他人专长，为下属提供职业发展机会，杜绝歧视和骚扰"（中国化工学会，2025）。《中国工程师联合体工程伦理守则（征求意见稿）》也要求工程师"发扬团队精神，保持客观、公平和相互尊重，积极营造包容、团结、合作的工作环境。尊重女性及其贡献，为女性提供平等机会"（中国工程师联合体，2023）。

5.4.3 服务职业共同体

工程伦理的职业属性还意味着，工程师可以通过职业服务——特别是促进职业共同体伦理建设的服务——来践行伦理责任。2023年7月4日，哥伦比亚大学计算机工程项目的创始人之一，92岁的Stephen H. Unger教授逝世。Unger不仅受到哥伦比亚大学师生的深切怀念，也得到电气电子工程师协会（IEEE）等工程师职业协会的高度评价。IEEE《技术与社会》杂志的纪念文章指出，Unger不仅是计算机工程领域的卓越学者，更是一位重要的"工程伦理守护人"（Herkert et al., 2023）。作为IEEE "技术的社会影响协会"（Society on Social Implications of Technology）的共同发起人、IEEE《伦理守则》的作者和主要的倡导者，以及美国最早的工程伦理教材的作者之一，Unger在职业生涯中积极地投入了工程伦理的教学和制度建设。作为一名工程师，

Unger 不仅通过工程技术创新服务社会需求，也通过参与职业协会的伦理制度建设和开展工程伦理教学等活动影响了大批工程师。

5.5 小结

随着工程技术创新在我国经济增长、社会进步和可持续发展中发挥广泛和深远的作用，工程师的社会地位和社会影响力也在不断提升。2024 年，党中央、国务院向 81 名卓越工程师和 50 个卓越工程师团队颁发"国家工程师奖"，标志着党和国家对工程师职业的高度认可。工程师职业影响力的提升意味着工程师应当承担更广泛的社会责任，以更高的标准进行伦理自律。因为工程问题的跨学科性、非良构性和复合性等特点，工程不是科学技术的简单运用，工程师也不是被动实现行政或商业目标的"工具人"。工程伦理教育应该帮助学生体会和维护工程师职业的神圣使命，激励他们守护和增进公众利益，并积极参与工程职业共同体的伦理文化和制度建设。

参考文献

[1] ABET. Criteria for accrediting engineering programs effective for reviews during the 2024—2025 accreditation Cycle[M]. Baltimore: ABET, 2023.

[2] ASCHBACHER P R, LI E, ROTH E J. Is science me? High school students' identities, participation and aspirations in science, engineering, and medicine[J]. Journal of Research in Science Teaching: The Official Journal of the National Association for Research in Science Teaching, 2010, 47(5): 564-582.

[3] BIRSCH D, FIELDER J H. The Ford Pinto case: A study in applied ethics, business, and technology[M]. Albany: State University of New York Press, 1994.

[4] Camp 15 Waterloo. History of the Obligation Ceremony[EB/OL]. [2025-02-04]. https://www.ironringcamp15.com/historyofritual.

[5] DAVIS M. Thinking like an engineer: the place of a code of ethics in the practice of a profession[J]. Philosophy & Public Affairs, 1991, 20(2): 150-167.

[6] FREIDSON E. Professionalism, the third logic: on the practice of knowledge[M].

Chicago: University of Chicago Press, 2001.

[7] HERKERT J, ANDREWS C J. Remembering an ethical engineering advocate[J]. IEEE Technology and Society Magazine, 2023, 42(3): 118-120.

[8] IEEE. IEEE Code of Ethics[EB/OL]. [2025-02-05]. https://www.ieee.org/about/corporate/governance/p7-8.html.

[9] JOHNSON D G, SNAPPER J W. Ethical issues in the use of computers[M]. Belmont: Wadsworth, 1985.

[10] Merriam-Webster. Profession[EB/OL]. [2025-02-04]. https://www.merriam-webster.com/dictionary/profession.

[11] MITCHAM C. A Historico-ethical perspective on engineering education: from use and convenience to policy engagement[J]. Engineering Studies, 2009, 1(1): 35-53.

[12] National society of professional engineers. NSPE Code of Ethics for Engineers [EB/OL]. [2025-02-04]. https://www.nspe.org/resources/ethics/code-ethics.

[13] SCHRAUBE E. Langdon winner's theory of technological politics: rethinking science and technology for future society[J]. Engaging Science, Technology, and Society, 2021, 7(1): 113-117.

[14] SWIFT E. The big roads: The untold story of the engineers, visionaries, and trailblazers who created the American superhighways[M]. Boston: Houghton Mifflin Harcourt, 2011.

[15] TANG X, NIEUSMA D. Contextualizing the code: ethical support and professional interests in the creation and institutionalization of the 1974 IEEE code of ethics[J]. Engineering Studies, 2017, 9(3): 166-194.

[16] VAUGHAN D. The challenger launch decision: risky technology, culture, and deviance at NASA[M]. Chicago: University of Chicago press, 1996.

[17] 北京市应急管理局. 丰台区"4·16"较大火灾事故调查报告 [R]. 北京：北京市应急管理局，2021.

[18] 董小燕. 美国工程伦理教育兴起的背景及其发展现状 [J]. 高等工程教育研究，1996(3): 73-77.

[19] 汉语大词典编纂处. 汉语大词典 [M]. 上海：上海辞书出版社，2007.

[20] 侯嘉琪. 我国工科大学生学业支持的概念、影响机制及性别差异 [D]. 北京：清华大学，2023.

[21] 张盖伦. 女性进施工隧道不吉利？代表呼吁：请给女性技术人员基本尊重 [EB/OL]. (2021-03-09)[2025-03-29]. https://news.qq.com/rain/a/TWF2021030801080600.

[22] 中国工程师联合体. 中国工程师联合体工程伦理守则（征求意见稿）[EB/OL]. (2023-05-10)[2025-03-29]. https://www.cast-cse.org.cn/cms/newtzgg/162962.htm.

[23] 中国化工学会. 中国化工学会工程伦理守则 [EB/OL]. [2025-02-05]. http://www.ciesc.cn/c235.

第6章
工程的环境

引言：公众对工程的态度：两个片段

"工程建设过程中，技术人员冒着冰天雪地，跋山涉水，饥了啃口干粮，渴了吞一口冰雪，白天跑一天，晚上回来计算到深夜，及时拿出了实测数据，给县委决策提供了可靠依据。民工们住山崖、石洞，打土窑，搭席棚，白天干一天，晚上被子潮得不能贴身，也毫无怨言。渠首大坝截流时，任村公社的男女青年们奋不顾身，跳入冰冷的河水中，结成人墙，抗拒激流，使截流成功"（杨贵，1995）。这是红旗渠总设计师、时任河南省林县县委书记杨贵回忆的红旗渠修建时的场景。红旗渠被周恩来总理誉为"新中国的两大奇迹"之一。这条跨越3省、全长1500千米的"人工天河"的修建，解决了困扰林县人民多年的缺水问题，从根本上改变了当地的经济面貌和群众的生活条件。作为一项服务百姓根本利益的"民生工程"，红旗渠的修建得到了当地人民的大力支持和配合，数万民众不畏艰险，积极投身红旗渠工程的建设，耗时10年完成了这项水利工程史上的奇迹（余玮，2018）。

2006年，厦门市引进海沧PX项目。因为项目选址安全性等考虑因素，部分科学家和当地居民通过不同渠道建议将PX项目搬迁到人口密度更低的地区。感受到市民对PX项目的顾虑之后，厦门市政府叫停了项目的建设，开展了城市总体规划环境影响评价，并召开市民座谈会听取民众意见。2008年，厦门PX项目迁址漳州漳浦县雷州半岛（王瑞，2024）。

工程活动不是在真空中开展，工程决策也不仅仅关乎工程职业共同体的意志和选择。工程师经常通过相关的组织开展工程实践。工程活动旨在服务社会需求的同时，也受到社会环境的影响。此外，工程的开展既受生态因素的限制，也可能深刻地重塑生态环境。分析工程伦理问题时需要考虑工程和相关环境因素的互动。本章讨论工程伦理分析中需要考虑的 3 类主要的环境因素：组织环境、社会环境和生态环境。

6.1 工程的组织环境

职业工程师通常受雇于相应的企业、政府或社会组织，通过组织团队开展工程实践。不同的历史文化条件下，工程师所属的组织形态也有所不同。例如，法国工程的起源与军事工程和公共设施的建设密切相关，因此历史上法国的工程师多数是公职人员，受雇于政府部门。相比之下，美国的工程师则主要以企业雇员的身份开展工作。工程师所属的组织的性质、使命和文化直接影响到工程活动的目标和风格，因此工程师所在组织的特点也是工程伦理分析中重要的考虑因素。对于职业经验有限的大学生来说，了解组织的架构、运行方式和文化氛围对工程实践的影响尤为重要。组织视角的引入能帮助学生更系统和完整地把握真实工程活动中所牵涉的复杂维度，衔接学校知识和职业实践经验，帮助他们为自己的职业选择和职业规划做好准备。

组织的架构和各部门之间的沟通方式可能对工程的安全和质量产生关键性的影响。1986 年 1 月 28 日，美国"挑战者"号航天飞机发射升空 73 秒后，一侧的燃料箱爆炸，机上 7 名航天员全部牺牲。"挑战者"号的事故体现出 NASA 的管理团队和负责火箭助推器研发的 Morton Thiokol 公司严重的决策失误，也暴露出 NASA 在质量文化建设方面的严重缺陷。此外，学者们事后分析发现，NASA 内部过于复杂的分工体系和部门之间低效的沟通方式在一定程度上阻碍了灾难性决策的避免。在航天飞机发射前夜的一次电话会议上，负责火箭推进器设计的 Morton Thiokol 公司的工程师团队试图报告他们的最新发现：在气温极低的情况下发射火箭，助推器的燃料箱有很高的爆炸风险。然而 Morton Thiokol 公司的工程师的报告充斥着冗长的表格和晦涩的术语，没能直截了当地向与会的 NASA 决策者说清楚核心的安全风险（Alley,

2013）。最终，这个复杂的保险链条上的最后一环，因为组织运作和沟通方式的缺陷而失效，未能阻止一场本可以避免的惨痛事故。

"挑战者"号事故中一系列意外和失误的叠加或许令人扼腕。还有一些组织长期受到扭曲的文化和价值观的错误引导。这些错误导向可能以施压、诱惑等方式使工程师放松对职业伦理原则的坚持。2015 年，大众公司柴油车排放舞弊案的曝光在全球引起轩然大波，极大地冲击了大众公司的品牌形象和销售业绩，甚至影响了德国的经济稳定。事件的起因是，大众公司在无法用技术手段解决柴油车的氮氧化物排放超标的情况下，授意工程师在多款柴油车上安装了舞弊软件。这种软件能根据车辆行驶的参数来判断车辆是否处于排放测试状态。当检测到车辆正在进行排放测试时，软件通过改变车辆运行性能的方式降低氮氧化物的排放以通过测试。然而，真正上路行驶的大众柴油车会以超过监管标准十几倍到几十倍的水平排放对人体和环境高度有害的氮氧化物（尤因，2020）。

从表面上看，安装舞弊软件是大众的工程师违背职业诚信做出的决策。调查记者杰克·尤因对"舞弊门"案进行深入调查后发现，以大众集团前任 CEO 为代表的高管团队在多年的经营管理中所营造的一味追求业务扩张、不讲原则的组织文化是这起丑闻背后的深层原因。有证据表明，整场骗局是公司上下包含高管、法务、工程等多个部门的众多员工和管理者合力打造与维持的。在美国加利福尼亚州空气资源委员会对大众柴油车排放超标启动调查之后的一年多的时间里，大众公司依然通过否认、欺骗、销毁证据等手段试图误导监管部门，掩盖舞弊软件的存在。在接受调查期间，大众公司还以召回问题车辆进行升级维护为借口，进一步升级车内安装的舞弊软件。在事件曝光后，大众集团的时任 CEO Martin Winterkorn 立即暗示公司上下销毁相关证据，却在事后坚称自己对公司的违法行为毫不知情（尤因，2020）。

大众"舞弊门"案例中，虽然工程师是设计和安装舞弊软件的直接当事人，但是公司上下从高管、法务到合规部门联手缔造了骗局，体现出公司过度追求市场份额，漠视环保责任，甚至不惜动用违法手段欺骗监管部门和消费者的组织文化。组织文化的视角有助于学生理解工程伦理问题产生的深层原因。组织文化指的是一个组织在解决内部和外部问题中所积累的，得到已有成员认可和共识，并被教授给新成员的认知、思考和感受相关问题的经验与假设（Schein, 2010）。Lee Bolman 和 Terrence Deal 提出的"四框架模型"提供了一种分析组织文化的有效工具（Bolman et al., 2015）。四框架模型是指包括"结构型""人力资源型""政治型""象征型"四种类型的组织，其中的每一种类型分别具备相应的组织隐喻、核心概念、领袖形象和基本领导力挑战（见表6-1）。基于四框架模型的分类方式有助于迅捷地理解一个组织在文化上的主要特征。例如，Bolman 和 Deal 提到，亚马逊等电商企业是典型的结构型组织，通过基于数据的分工和决策方式来确保用户体验，而乔布斯时期的苹果公司则是象征型组织的代表，借助领导者（乔布斯）的个人魅力来激发员工的凝聚力和创造力。

表 6-1 四框架模型（Bolman et al., 2015）

维度	框架			
	结构型	人力资源型	政治型	象征型
组织隐喻	工厂	家庭	丛林	神庙、剧场
核心概念	规则、角色、目标、政策、技术、环境	需求、情感、技能、关系	权力、冲突、竞争、组织政治	文化、意义、隐喻、仪式、典礼、故事、偶像
领袖形象	社会建筑师	赋能	政治智慧	启发、意义
基本的领导力挑战	使结构服从任务、技术和环境的需求	使组织对齐人员的才能和需求	确定议程和巩固权力基础	创造信仰、希望、意义和信念

要识别一个组织的文化特征，可以从制度、符号、潜规则和组织价值观等角度进行分析。制度是对组织成员行为目标、方式和评价标准的明文规定。例如，一个组织的奖惩制度比较清晰地体现了组织对员工的要求。从符号的角度分析一个组织的文化，可以通过收集组织的标语、口号、产品包装、办公地的装饰等元素，进一步讨论这些符号背后的意义。组织的潜规则指的是那些没有明文规定，但是在组织成员之间广为知晓和遵守的行事规则。例如，

有的企业"默认"员工周六要加班，虽然这个规则并没有出现在劳动合同或公司的文件中。此外，一个组织的官方价值观是理解其内部文化的重要窗口。价值观阐述了一个组织及其成员实现组织使命的方式。例如，微软公司的价值观是"尊重、诚信、责任"，这个价值观表述显示了微软作为一家拥有多元化客户和员工的全球性企业与置身技术前沿的高科技公司对自身的定位及要求。

下面的两个课堂练习可以帮助学生思考和理解组织价值观的意义与作用。

❀ **练习 6-1　组织价值观检索**

以小组为单位，搜索一个你们熟悉或关注的组织（例如，你当前所属的组织、你作为客户接受服务的组织，或者你未来可能加入的组织）的价值观。记录：

①组织的名称；②价值观的官方表述；③该价值观意味着它的成员／员工应该做什么，不该做什么？

在完成练习之后，可以请小组代表发言分享。教师可以引导学生思考组织的价值观与学生所了解的组织的行为方式之间的联系。

鉴于组织的文化和价值观对组织成员的深刻影响，大学生在求职时应当选择与自己的价值观或"气场"相符的组织。然而，初入职场的大学生往往更关心待遇、工作量等因素，容易忽略雇主的文化和价值观与自己的职业目标是否契合。在工程伦理教学中介绍组织文化，重点是提醒学生关注，什么样的组织文化和价值观更有利于组织成员履行工程师的伦理责任，彰显工程的社会价值。下面的练习可以帮助学生评估目标组织的价值观和自身职业规划的契合度。

❀ **练习 6-2　组织价值观撰写／修订**

（1）选择一个你关注或考虑加入的组织（企业），查阅它的价值观。帮助该组织撰写（若该组织没有官方价值观）或修改（若该组织已有官方价值观）价值观。

（2）你所选择的价值观在工作中如何体现？

（3）你所选择的价值观需要哪些组织制度来保障？

6.2 工程的社会环境

工程职业主要的服务对象是社会公众。工程师与社会公众的互动经常会深刻地影响工程的形态、结果和价值。在工程伦理教学中，可以通过相关的案例分析和课堂活动帮助学生理解工程师在同社会公众的互动中扮演的四种角色：公众利益的守护者、公众意见的倾听者、公众共识的寻求者和公众认识的引导者。

6.2.1 守护公众利益底线

许多职业工程师协会的伦理守则明文规定：保护公众安全、健康和福祉是工程师首要的伦理责任，也是工程实践的伦理底线。本书第 5 章曾指出，服务公众利益是工程职业共同体取得和维系公众信任的前提，也是工程职业得以存在的根本。然而，公众的安全、健康和福祉是相对抽象的概念。在教学中，教师可以通过案例来具象地展现工程师如何在职业实践中守护公众的利益。为维护公众利益而主动揭露自身团队违背伦理行为的"吹哨人"（whistleblower）的案例 6-1 生动地诠释了工程师作为公众利益"守门人"的角色。

☞ **案例 6-1 湾区快速交通项目中的"吹哨人"**

1957 年，美国加利福尼亚州立法设立了湾区快速交通管理局（Bay Area Rapid Transit, BART），负责湾区周边快速铁路项目的建设。BART 通过招标将项目委托给承包商，并向承包商派驻工程监理。BART 的职员、工程师 Holger Hjortsvang 在监理铁路的自动控制系统承包商 Westinghouse 的过程中发现了诸多违规操作和质量隐患，他向 BART 的直接负责人汇报之后却迟迟没有下文。随后，BART 派驻的另外两位工程监理 Max Blankezee 和 Robert Bruder 也分别发现，自动控制系统存在质量问题。然而，两人的汇报同样杳无音信。3位工程师商量之后，越级向1名BART董事会成员报告了自动控制系统的质量问题和安全隐患，后者向媒体公开了相关问题。3位"吹哨人"的举报引起了加利福尼亚州立法会的重视。立法会随后组织的对BART自动控制系统的调查证实了3位工程师所举报的问题。然而，BART的管理层很快确认了3位举报人的身份并将他们解雇。

3位工程师在公众安全受到威胁时，不顾个人利益进行举报，维护了公众安全底线，体现了工程师对社会公众的责任担当。面对BART的报复性解雇，3位"吹哨人"提起了诉讼，并在庭审中得到工程师协会IEEE的支持，最终顺利和解。1978年，IEEE"技术的社会影响协会"将首届公共利益杰出贡献奖颁发给Hjortsvang、Blankezee和Bruder（Tang et al., 2017）。

6.2.2 听取公众意见

当公众利益受到损害或面临重大威胁时，需要工程师承担公众利益守门人的角色。更多的时候，公众利益的维护体现在工程的实施过程之中。工程师在酝酿、构思和推进工程项目时，应当以适当的方式向公众公开相关信息并征求和吸纳公众的意见建议，使工程的开展更精准地响应公众的利益需求。缺乏民意基础、单纯依据技术逻辑开展的工程项目可能会触犯公众的利益，也可能由于不符合公众的预期而难以实现既定的设计目标，导致资源浪费。针对规模较大、对公众具有重要影响的工程项目，通过听证会的方式听取公众意见，有利于更全面地认识和考虑工程的多维影响，提升工程的综合质量。在教学中，可以通过阅读相关资料和观看听证会视频等方式帮助学生体会工程与公众的互动，也可以通过模拟听证会的练习来展现多元的利益相关者面对工程项目所持的不同立场。

❀ **练习6-3 某大学启用自动驾驶校车的听证会模拟**

学生分成4个团队分别扮演：校车研发工程师、学生代表、教职工代表、学校后勤代表。

任务一：会前准备（8分钟）

（1）工程团队准备听证会的谈话提纲（可以和助教进行讨论）；

（2）学生、教职工、后勤代表团队分别构思自己所代表的群体的需求、关切和疑问（如有需要，可以找助教领取锦囊）。

任务二：听证会（10分钟）

（1）每个团队派出 1~2 名代表参加听证会，听证会由校车研发工程师主持；

（2）各个团队不参加听证会的成员提供观点支持，观摩听证会，并在听证结束后进行点评。

模拟听证会练习的目的是向学生展现公众利益诉求的复杂性和多样性，突出工程项目开展过程中及时广泛地征求公众意见的必要性。即使在学生相对熟悉的大学校园里，也存在诸多大学生在日常的学习和生活中不易接触到的群体，这些群体也有各自珍视的切身利益。在听证会的准备阶段为学生、教职工和学校后勤代表所提供的"锦囊"（仅供相应团队参考，不对其他学生公布）中，包含了一些对大学生来说"能见度"较低的利益相关者的诉求。例如，给教师代表的锦囊包含"校车路线是否经过家属区"，以及"在学校附属幼儿园接送园时间段的通行和安全预案"等问题，而给后勤代表的锦囊则包含了"校车的运营和保养成本""现有校车司机的安置"等问题。在模拟听证会之后的复盘总结中，代表工程研发团队的学生注意到，听证会的代表们所呈现的诉求的广度远远超出他们的预期。

6.2.3　谋求共识

服务公众利益是工程活动的根本目标之一。该目标的实现意味着工程师经常要在工程的成本、效益、进度和用户满意度之间进行协调。不顾实际条件一味地承诺公众需求的满足，可能会违背职业诚信的要求。作为公众诉求与经济、环境和技术可行性之间的协调人，工程师经常需要与公众进行富有耐心和智慧的沟通，以便在双方的预期之间达成共识。例如，在居民区进行排水网管改造,虽然会给居民创造长期价值,但施工过程会给居民生活造成不便。为了争取居民的理解和支持,在预算范围内,适当结合一些居民区绿化、停车位修建等便民工程,有利于管网改造整体工程的顺利推进。

6.2.4 引导公众认识

工程师置身技术创新的前沿,比公众更有机会敏锐地感知工程技术创新所蕴藏的机遇和风险。借助自身的专业知识和职业判断,引导公众及时把握技术发展的机遇,管理和规避新兴技术的潜在风险,是工程师发挥领导力和彰显社会责任的重要方式。例如,当消费者受传统消费习惯、对新技术不了解等因素的影响,对新能源汽车持有犹疑和观望态度时,相关领域的工程师可以利用专业知识进行科普,向公众说明新能源汽车的优点。针对大语言模型、脑机接口等对普通民众具有一定技术壁垒的前沿技术,工程职业共同体也有责任向公众指出相关技术的伦理风险,引导公众对这些影响深远的技术开展讨论。围绕新兴技术治理的辩论赛(练习6-4)为学生分析技术的利弊、思考工程与社会公众的互动提供了一种生动的形式。

❋ 练习6-4 脑机接口辩论

1)辩题

正方:脑机接口技术的研发规范应当由社会公众集体决定。

反方:脑机接口技术的研发规范应当由相关领域专家决定。

2)辩论赛准备

(1)全班学生分成两队,每队选出4位辩手(其他同学提供指导和支持);

(2)两队抽签决定正反方;

(3)每个队派出两名工作人员负责计时和担任评委;

(4)下节课前:熟悉辩论规则、收集相关材料、讨论辩论策略;

(5)下节课进行辩论赛。

6.3 工程的生态环境

历史学家利奥·马克斯的著作《花园里的机器：美国的技术与田园理想》（马克斯，2011）指出，19世纪美国文学的代表性作品，如大卫·梭罗的《瓦尔登湖》、赫尔曼·麦尔维尔的《白鲸》等，关注到工业化进程对自然秩序的冲击并探讨了这种冲击所造成的社会、文化和心理效应。梭罗和麦尔维尔所书写的19世纪，正是工程职业在美国建制化发展的关键时期。1802年，美国第一所工程学校西点军校成立。1852年，美国第一个全国性职业工程师协会美国土木工程师协会成立。1862年，林肯总统签署了《莫雷尔法案》，在全国设立赠地大学，为高等工程教育在美国的快速扩张提供了制度保障（Reynolds，1992）。工程的快速发展为美国成为第二次工业革命的中心奠定了物质基础和技术基础。然而，工程技术在大幅提升社会生产效率的同时也颠覆性地改变了美国的自然环境。这是梭罗、麦尔维尔等作者笔下人与自然之间紧张关系的现实背景。工程在很大程度上是通过对自然的改造来满足人类需求的活动。人类社会是地球生态系统的一部分，因此工程活动也伴随着对区域或全球生态环境的改变。

工程伦理教学的一个重要目标是引导学生辩证地看待工程与生态环境的关系。工程活动发生在生态环境之中，受能源和自然资源的存量和可及性等因素的限制。同时，工程活动会对生态环境产生重要的，甚至是不可逆的影响。工程的生态影响包括对生态环境的改造、破坏和保护（修复）。

❋ **练习6-5　工程与自然的关系**

基于小组讨论，分别试举一例来展示：

（1）工程对自然环境的改造；

（2）工程对自然环境的破坏；

（3）工程对自然环境的保护（修复）。

工程改造自然的例子不胜枚举。房屋建造、路桥铺设、水电开发等，都通过工程手段改变自然的物质和能量分布来服务人类的生存与发展需求。工程活动的生态效应在原则上是可塑的，也就是说，精心融入生态设计的工程活动能够平衡人类的目标和生态的需求。然而，以粗暴、短视和贪婪的方式开展的工程活动可能给生态平衡造成长期的破坏。工业革命以来，资源过度采伐、有害气体排放、土壤和水体污染等因为工程活动不当而破坏生态的例子屡见不鲜。近年来，随着环境保护和可持续发展的理念在全球范围内得到采纳，许多工程师积极投身自然环境的保护和修复。利用微生物技术将处理过的生活垃圾制成治理盐碱地的土壤调理剂，在工业迁出的旧址进行野地修复等，都是通过工程进行生态修复和生态保护的例子。

6.4 工程与可持续发展

可持续发展是关于工程的生态环境最重要的议题之一，也是未来工程发展的主旋律。可持续发展的概念在1987年联合国世界环境与发展委员会（WCED）发布的报告《我们共同的未来》中正式提出。可持续被定义为"既满足当代人的需要，又不损害后代人满足其需求的能力"（联合国，2025）。可持续发展包含经济可持续、社会可持续和环境可持续3个维度，这3个维度有时也被称作可持续发展的"三重底线"（triple bottom line）。在2015年召开的联合国可持续发展峰会上，联合国193个成员通过了17项可持续发展目标，这17项目标构筑起国际社会在2015—2030年促进可持续发展变革的蓝图。联合国关于可持续发展目标的中文网页提供了大量相关信息和教学资源，可以供教师参考（联合国，可持续发展目标，2025）。

可持续发展的概念超越了狭义的环境保护。一方面，"可持续"的目标要求我们摒弃那些简单粗暴、不顾社会和环境承载能力的经济增长方式。另一方面，"发展"的理念也提醒我们，可持续发展并非简单地拒绝或停止经济增长和技术进步给人类社会所带来的福利。在教学中，可以用下面的练习来帮助学生辨析和理解可持续发展的概念。

❀ **练习6-6 可持续发展举例**

通过小组讨论，各举一例说明：

①可持续发展；②不可持续发展；③不可持续不发展；④可持续不发展。

几乎每一个可持续发展目标的实现都离不开相关领域的工程创新。同时，可持续发展目标的实现还需要政府、企业、社会组织和个人等多层次、全方位的协同。公共政策和政府行为在宏观层面为可持续发展转型提供了重要的激励和保障。例如，我国的双碳政策在转变能源的结构和生产方式、研发和推广绿色低碳技术、培养生态保护人才等方面发挥了引领性作用。在中观层面，工程师职业协会和行业企业对探索与实施可持续发展的具体方法及技术起到重要的推动作用。《中国化工学会工程伦理守则》要求工程师"在履行职业职责时，把人的生命安全与健康以及生态环境保护放在首位，秉持对当下以及未来人类健康、生态环境和社会高度负责的精神，积极推进绿色化工，推进生态环境和社会可持续发展"（中国化工学会，2025），IEEE的《伦理守则》要求会员致力于"可持续发展实践"（IEEE，2025），美国土木工程师协会（ASCE）的《伦理守则》将"创造安全、有韧性、可持续的基础设施"列为工程伦理的基本准则之一（ASCE, 2025）。企业通过业务方式的创新，以更低的资源消耗来实现利润目标，是可持续发展模式得以真正落实的关键。不少企业基于可持续发展的理念重塑了业务流程。以食品饮料的包装和运输为主业的利乐集团制定了可持续发展战略，从低碳包装、原材料管理、客户运营和回收利用等多个维度推动可持续发展的实践创新（利乐中国，2022）。

在微观层面，个人的生活方式和职业选择也会影响可持续发展目标的实现。随着外卖和快递的普及，大量日常生活用品面临过度包装的问题。环境领域的学者还研究了外卖包装所造成的环境负荷（Zhang et al., 2022）。在教学中，可以引导学生观察、记录和分析个人日常生活中的消费选择对可持续发展的影响。

大学生所学习的专业和未来从事的职业活动也与可持续发展目标的实现存在广泛的联系。练习6-7旨在引导学生思考自身的专业学习和职业选择与联合国可持续发展目标之间的关系。

❈ **练习6-7 专业、职业和可持续发展目标**

（1）浏览联合国可持续发展目标的网站，选择一个目标，点击"了解目标"，思考这个目标的实现与下列因素的关系：

①和工程的关系；

②和你所学的专业或未来可能从事的职业的关系（协同？冲突？）。

（2）在你的学习档案袋里记录你的发现。

6.5 小结

虽然工程师在工程的设计和实施过程中拥有职业自主权，但这种自主权的运用不是绝对的。工程实践的目标和方法在很大程度上还受到工程师所属组织的文化和价值观、相关社会公众的偏好和需求，以及生态环境的影响。有效地识别和处理这些环境因素的影响，是工程伦理决策的重要部分。

可持续发展是人类命运共同体面临的共同挑战，也是当代工程师的核心使命之一。工程师通过设计、建造和系统集成等方式改造世界的物质、能量和信息分布，为人类创造更美好的生活。可持续发展目标提醒我们，工程师在有效利用自然资源的同时，还需要关心和促进资源的存续和再生；在制造人类所需产品的同时，还应考虑产品的分配和使用给社会、文化和人的精神所带来的影响。有效应对和解决人类社会所面临的气候变化、环境污染、资源枯竭等紧迫挑战，离不开工程创新。促进经济社会的可持续发展转型是当代工程师所面临的最关键的任务之一。

参考文献

[1] ALLEY M. The craft of scientific presentations[M]. (2nd Edition)New York: Springer, 2013.

[2] ASCE. Code of Ethics[EB/OL]. [2025-02-07]. https://www.asce.org/career-growth/ethics/code-of-ethics.

[3] BOLMAN L G, DEAL T E. Think—or sink: Leading in a VUCA world[J]. Leader to Leader, 2015, 76: 35-40.

[4] IEEE. IEEE Code of Ethics[EB/OL]. [2025-02-05]. https://www.ieee.org/about/corporate/governance/p7-8.html.

[5] REYNOLDS T S. The education of engineers in America before the Morrill Act of 1862[J]. History of education quarterly, 1992, 32(4): 459-482.

[6] SCHEIN E H. Organizational culture and leadership[M]. (4th Edition) Hoboken: John Wiley & Sons, 2010.

[7] TANG X, NIEUSMA D. Contextualizing the code: ethical support and professional interests in the creation and institutionalization of the 1974 IEEE code of ethics[J]. Engineering Studies, 2017, 9(3): 166-194.

[8] ZHANG Y, WEN Z. Mapping the environmental impacts and policy effectiveness of takeaway food industry in China[J]. Science of the Total Environment, 2022, 808: 152023.

[9] 尤因.“排放门”：大众汽车丑闻[M].吴奕俊，鲍京秀，译.上海：上海译文出版社，2020.

[10] 马克斯.花园里的机器：美国的技术与田园理想[M].马海良，雷月梅，译.北京：北京大学出版社，2011.

[11] 利乐中国.利乐中国碳中和目标与行动报告[R].上海：利乐中国,2022.

[12] 联合国.可持续性[EB/OL].[2025-02-07].https://www.un.org/zh/124653.

[13] 联合国.可持续发展目标[EB/OL].[2025-02-07].https://www.un.org/sustainabledevelopment/zh/sustainable-development-goals/.

[14] 王瑞.牢固树立正确的政绩观：厦门PX项目事件教学案例[EB/OL].中共山东省委党校(山东行政学院).(2024-10-18)[2025-03-29].https://www.sddx.gov.cn/info/2054/59994.htm.

[15] 杨贵.红旗渠建设回忆[J].当代中国史研究,1995(3): 33-36.

[16] 余玮.红旗渠:让太行山低头的"人工天河"[J].中华儿女,2018(12): 46–49.

[17] 中国化工学会.中国化工学会工程伦理守则[EB/OL].[2025-02-05].http://www.ciesc.cn/c235.

下篇：助力伦理的工程

第 7 章
设计伦理

引言：Tide Pods 设计团队的成就与疏忽

　　化学工程师 Shellie Caudill 职业生涯的得意之作是开发了畅销全球的汰渍洗衣凝珠（Tide Pods）。回顾 Tide Pods 的研发过程，Caudill 认为，这个"爆款"产品的诞生源于设计师对用户体验的深度共情。作为宝洁公司洗衣用品研发团队的一员，Caudill 和同事花了大量的时间调研用户的需求。Caudill 团队使用的调研方法是：征得同意后进入用户的家中，全程观察对方洗衣的过程，记录用户在使用产品时所经历的"痛点"。经过大量观察后，Caudill 和同事们发现，由于美国的社会经济等结构性因素，许多中产阶级家庭中的成年女性在生育后退出职场成为全职家庭主妇，承担起料理家务和照顾孩子等家庭劳动。这些全职妈妈通常也是洗衣用品的"典型用户"，负责清洗全家人的衣物。用户使用产品的时间和场景与她们所承担的家庭责任密切相关：很多全职妈妈的一天从为家人准备早餐开始；早餐结束后，把学龄的孩子送上校车，与上班的丈夫道别，接下来才是她们开启日常清洁打扫的时间。对于拥有家用洗衣机的用户来说，洗衣的过程一般包括：收集家人换下的脏衣服放入洗衣机，从一个笨重的（超过 4 升的）洗衣液包装桶中倒出洗衣液放入洗衣机，再从一个几乎同样笨重的包装桶中倒出少量柔顺剂，最后启动洗衣机。通过对洗衣过程的观察，Caudill 和同事们发现，沉重的洗衣用品包装桶给女性用户带来很多不便。对于独自在家照顾年幼婴儿的母亲，传统的洗衣液包装还带来安全隐患：在洗衣过程中的大部分时间里，这些女性通常一手抱着婴儿，用另一只手完成待洗衣物的装填和启动洗衣机等操作。唯有在倒入洗衣液和柔顺剂的环节，为了腾出双手来应付笨重的包装桶，用户只能把年幼的婴儿暂时放在地板或洗衣机上。对这部分用户来说，加入洗衣液的过程成了婴儿安全和健康的风险点。

在深刻了解了用户的体验和需求后，Caudill 团队对洗衣液的包装进行了大量研发和测试，推出了用水溶性材料包装，集洗衣液和柔顺剂为一体的 Tide Pods。用户装载完待洗衣物后，只需要在洗衣机里放入一颗鸡蛋大小的 Tide Pods，就可以启动洗衣程序。Tide Pods 的创新设计精准地满足了用户需求，大幅提升了产品的易用性和用户体验感，产品在市场上大获成功。

Tide Pods 的研发看似是一个近乎完美的商业案例。然而，随着时间的推移和产品的普及，Tide Pods 的设计者在研发过程中不曾留意的"非计划用户"，却给这款产品带来意想不到的挑战。由于其鲜艳的颜色、动感的曲线造型、类似糖果的外观设计，Tide Pods 上市之后接连出现被儿童误食而中毒的事故。2012 年，美国联邦参议员 Chuck Schumer 召开新闻发布会，批评 Tide Pods 的包装设计给幼儿带来的安全和健康风险，呼吁对洗衣产品包装采取更严格的监管措施（Mccluskey, 2018）。Tide Pods 的设计师们花了大量精力来研究和了解产品的直接用户——那些付费购买洗衣用品的消费者，却忽略了产品被"其他用户"以不同于设计意图的方式使用的可能性。用户不按照产品说明使用所造成的风险，是否应当由设计师负责？对这个问题尚未形成广泛的共识。可以确定的是，如果 Tide Pods 的设计师事先觉察到儿童误食的风险，是可以通过设计来降低或消除这种隐患的。

Tide Pods 的例子体现出产品设计中可能面临的复杂的伦理挑战。设计是工程师最重要的工作方式之一，也是工程师践行伦理原则和价值观的重要手段。本章结合教学素材展现设计与伦理价值观的紧密联系，并以通用性设计（universal design）、以用户为中心的设计、可持续设计为例，介绍工程职业共同体通过设计手段践行伦理价值观的相关理念和实践。

7.1 设计与价值观

7.1.1 设计是实践伦理价值观的重要载体

美国辛辛那提市河滨公园花坛的护栏上，安装了一些小小的钢珠（见

图 7-1)。笔者曾在课上请学生猜测这些钢珠的功能。有人猜它们是悬挂手提袋的装置，也有人猜测钢珠是游客座位的分隔符。事实上，这些钢珠忠实地践行着公园管理者的意志：看似微不足道的钢珠有效地"劝退"了那些把花坛的护栏当作舞台展示自己技巧和勇气的滑板少年。钢珠的设计取代了一些常见的管理方式：公园的管理人员可以在花坛的护栏上张贴"禁止滑板"的标识，但这种劝诫性的标语往往效果有限；对那些志在彰显个性的滑板少年来说，禁止的标识可能更加挑起他们挑战规则的欲望。另一种替代方案是派专人值守，叮嘱游客遵守规定。值守的做法不仅成本昂贵，似乎也和公园所营造的休闲氛围不符。设计师用一个精巧而隐秘的设计有效地实现了公园管理者所期待的规范。

图 7-1　辛辛那提市河滨公园的花坛

　　相比教育、制度等方式，设计提供了一种高效、低调且可靠的实践价值观的手段。公共场所的座椅是一个典型的体现价值观的设计。世界各地都有通过座椅设计来防止有人在公共场所躺卧的例子（见图 7-2）。然而，随着公众对这种设计意图的了解，这些体现"拒绝"的座椅设计也遭到部分公众的批评。2023 年，深圳市龙华区龙华街道办在城市公园的木椅上加装了防止游客躺卧的金属隔栏，此举引发了媒体的关注和市民的批评。得知公众意见后，龙华街道办公开致歉，表示公园改造"在人文关怀方面考虑欠妥"，并迅速拆除了加装的隔栏（余悦，2023）。

图 7-2　防止躺卧的座椅设计
（来源：Alan Stanton, CC BY-SA 4.0, via Wikimedia Commons）

7.1.2　"价值中立"vs"固有价值"

通过设计师共同体对设计理念的公开表达和讨论，更多人得以了解设计意图背后所蕴含的伦理价值观。然而，并非所有的设计师都认可"价值观驱动"的设计理念。相当一部分设计师认为，设计是"价值中立"的活动，不体现设计师本人的价值倾向；设计的产品服务何种价值观，完全由用户决定。价值中立派常常以刀具为例来说明他们的观点：设计师的目标只是设计一把好刀，至于这把刀是用于切菜、削水果，还是用作武器，取决于刀的使用者，与设计师无关。"价值中立"说的反对者指出，很多设计品的目的和用途在设计阶段已经定型，因此，产品服务何种价值观在很大程度上由它的设计所决定。例如，参与大规模杀伤性武器设计的研发人员很难辩称自己不知晓所设计的产品会用于伤害包括平民在内的大量人群。鉴于这些设计任务限定了产品所服务的固有价值，参与设计任务意味着设计师已经做出某种价值选择。

为了提醒学生观察和思考设计与价值观的联系，笔者经常采用下面的拍照练习作为课前活动，并在课上邀请学生分享自己拍摄的图片。

❋ **练习 7-1　价值观与设计**

拍摄并上传一张关于"体现价值观的设计"的图片。

学生在课前拍摄的图片大致包括 4 种类型：①可调高度的自行车座位、无障碍通道等考虑用户需求多样性的设计；②建筑空间、艺术作品等传达文化和审美价值观的设计；③"长辈关怀"界面、公共场所的电源插座等照顾（或忽略）用户使用方便性的设计；④"能用完最后一滴"的洗发水包装等体现资源节约的设计。学生的摄影作品为课上讨论价值观驱动的设计做了铺垫。

7.2　价值观驱动的设计

7.2.1　通用性设计

除通过产品的功能来彰显和实践价值观之外，如何界定服务对象（用户）的范围也体现出设计师的伦理选择。按照功利主义的观点（见第4章），产品的设计应该聚焦"典型"或"主流"的用户，在产品的功能、性能指标和使用要求等方面尽量贴近大多数用户的平均水平。功利主义的设计思路以少数用户的不便为代价，换取大多数用户体验的提升。然而，设计共同体逐渐意识到，仅关注"主流用户"的设计理念具有明显的局限性。一方面，随着社会的多元化发展，曾经的"主流"可能与当今的实际情况脱节。在经济发展水平较低的时代，选择飞机出行的旅客以成年商务人士为主，他们也代表了当时机场的主流用户。然而，随着社会经济的发展，儿童乘坐飞机已经相当普遍，因此机场的设计需要更具包容性，家庭洗手间、儿童游乐区、饮水机的童锁等考虑儿童的功能设计变得非常关键。另一方面，始终瞄准主流用户的需求开展设计，可能造成一些其他用户的关键需求被持续地忽略。假如铁路系统在站台上下通道、车厢行李架的高度、座椅的空间等设计选择中一律只照顾行动能力健全的乘客，那么使用轮椅的乘客在乘车过程中，会反复经历"拒绝"和"惩罚"。

越来越多的设计师意识到，通过更具匠心和温度的设计来服务更加广泛的用户群体是设计师美德的体现。这种观念是通用性设计（universal design）的出发点。美国北卡罗来纳州立大学"通用性设计中心"把通用性设计定义为"使所有人最大限度地使用而无须调整或定制的产品和环境的设计"（Story, 2011）。通用性设计的理念最早源于设计师对残障人士产品使用需求的关注。20世纪80年代以来，设计共同体逐渐意识到，需要包容性和可及性设计的用户不仅限于残障人士，老人、儿童、具有不同程度的感官和认知能力的用户都会受益于通用性设计。1997年，通用性设计中心提出了通用性设计的七条原则：公平使用、柔性使用、简单和直觉使用、可感知的信息、容错性、低体力消耗和可及可用的尺寸和空间（Connell et al., 1997）。简而言之，通用性设计重视用户使用能力的多样性，力图让使用能力最有限的用户能舒适地使用产品。支持通用性设计的设计师认为，依照使用能力最有限的用户的需求所设计的产品，不仅能更好地服务这部分用户，也能提升所有用户的体验。支持这种观点的经典案例是公共空间的无障碍坡道。无障碍坡道原本的目的是服务使用轮椅的用户，因为运动能力健全的行人可以使用台阶通行。然而，"运动能力健全"是一个依赖情境的、相对的概念：普通行人在拖着行李箱或推着婴儿车的时候，运动能力也会受限，也能享受无障碍坡道所提供的方便。

下面的练习可以帮助学生具体地分析设计选择背后的用户意识和价值倾向。

❋ 练习7-2　产品解码

在课堂上，给每个小组发放一个产品，允许组员对产品进行试用和拆解。在观察和试用的基础上，通过下列问题分析产品的设计：

（1）产品名称；

（2）面向的用户；

（3）产品的功能；

（4）突出的价值观；

（5）产品性能；

①安全性；

②易用性；

③可持续性；

（6）关于产品的其他评论。

课上发给学生试用的产品之一是一个"双开切药器"。这个切药器的设计在多个方面体现出对用户需求的关注和回应。药片的尺寸一般是按照青壮年病人的用药量来确定的，因此普通成年病人的服药量一般是整片或者数片，需要按照半片、四分之一片等方式减量服药的大多是儿童或老年病人。切药器的设计师从儿童、老年人等"非主流"用户出发，照顾了这些用户群体的用药需求。作为一款主要服务儿童和老年用户的产品，对安全性的要求更加突出。切药器中的核心部件是一个锋利的十字刀片，具有一定的危险性。为此，设计师在切药器中设计了一个卡锁，保证切药的按钮只有在切药器闭合（将刀片封闭在内部）的状态下才能按下，有效地提升了产品的安全性。此外，切药器底部储药空间的设计，防止了多余药片的遗失，增加了药品管理的安全性。切药器的制造选用了环保材料，有利于保证药品卫生。

7.2.2　以用户为中心的设计

《2023 年民政事业发展统计公报》显示，"截至 2023 年年底，全国 60 周岁及以上老年人口 29 697 万人，占总人口的 21.1%，其中 65 周岁及以上老年人口 21 676 万人，占总人口的 15.4%"（民政部，2024）。按照联合国标准，我国已经正式步入"中度老龄化"社会（澎湃新闻，2024）。随着我国人均寿命的延长和老年人占比的上升，老年用户成为工程设计中越发重要的服务对象。值得注意的是，老年用户在身体机能、思维方式、生活需求等方面同大多数处于青壮年的设计者自身的体验有明显的差别。换言之，要服务好老年用户，设计师不能仅仅依赖自身经验，而需要借助适当的设计理念和方法来发现、理解和回应用户的需求。

"以用户为中心的设计"强调在设计的全过程中聚焦用户需求，并创造机会让用户参与设计过程（Interaction Design Foundation，2025）。例如，为了服务感官和运动能力受限的老年用户，一些企业让设计师在测试产品时戴上耳罩、模糊的镜片和厚手套，模拟身体能力受限的用户的使用体验（Genco et al., 2011）。

在工程教育中融入以用户为中心的设计理念，有助于培养年轻工程师的共情能力，提醒他们将用户需求融入设计的全过程。关节炎是老年人群体中常见的慢性疾病之一，其发病率随年龄增长显著上升。根据美国疾病控制与预防中心的统计数据，75岁以上人群中关节炎的患病率高达53.9%（Elgaddal et al., 2024）。关节炎不仅会导致关节疼痛和僵硬，还会对患者的运动机能造成不同程度的限制，包括手腕扭转、手指抓握等精细动作能力的下降，严重影响患者的日常生活质量。

笔者和同事在俄亥俄州立大学"工程基础Ⅱ"课程的教学中，要求学生团队设计一款能够满足关节炎患者生活需求的产品。任务的目的是引导学生从用户的角度，深入理解关节炎患者的生活困境和需求，并通过工程设计来回应用户的需求。

在接到任务后，各支学生团队首先通过家人、朋友等渠道联系关节炎患者，并对其进行访谈或入户观察。通过调研，学生们发现，许多老年患者因关节炎的限制，不得不放弃或改变长期保持的生活习惯和爱好，如定期打扫卫生、烹饪、运动和保持体面的穿衣风格等。这些改变不仅影响了他们的生活质量，还使他们感到自己的价值和尊严受到了冲击。基于这一发现，学生们将设计目标聚焦于"提升老年关节炎患者的尊严感和对生活的掌控"。在描述设计目标时，各个团队给出的不是产品的技术参数，而是用户的愿望，例如"继续为孙辈烹饪喜爱的汤品"或"保持体面的着装风格"。

在一学期的项目执行过程中，各个团队通过多次迭代，不断完善设计理念，并制作了产品原型。随后，学生们带着产品原型回访用户，进行试用测试并收集反馈，进一步优化设计方案。在期末报告会上，各团队展示了最终的设计成果，包括防倾倒汤锅、免系鞋带的正装皮鞋、无须手压的清洁喷壶等。获得第一名的团队设计了一款帮助用户系衬衫纽扣的辅助工具。在项目展示环节，团队播放了一段视频，记录了一位学生的祖母使用该工具快速系好纽扣的过程。视频中，老人脸上骄傲的笑容深深打动了在场的所有人，也让课上的所有学生深刻体会到工程设计的价值和温度。

笔者在本科"工程伦理"课上采用了下面的练习来提醒学生思考自身与老年用户在产品需求和产品使用方式上的区别。

❀ **练习7-3　适合老年人的产品设计研究**

1. 选择一个你日常生活中经常使用的产品。

产品名：

图片：

功能：

对使用者能力的要求：

2. 针对70岁的使用者，需要对产品设计做哪些修改？

用户使用能力的区别：

用户功能需求的区别：

产品设计所需的修改：

7.2.3　可持续设计

本书第 6 章介绍了工程与可持续发展之间的密切联系。将可持续发展理念融入设计，通过设计来实现经济、社会和环境的可持续性，是可持续设计追求的目标（Ceschin et al., 2016）。清华大学美术学院为西藏索县设计的"集成式生态厕所"，是一个典型的可持续设计的案例（北京设计之都核心区，2020）。在项目初期，设计团队详细调研了索县当地的情况，了解了索县旅游发展需求、水源和基础设施条件，以及青稞种植的肥料需求；团队也调研了当地居民的生活习惯、服饰风格、文化习俗等。在充分考虑当地情况的基础上，团队设计了节水型厕所和无水型旱厕两类产品，两种厕所都配备了收集粪便作为有机肥料的相关设备。同时，设计者根据当地用户的需求，为厕所配备了摆放饰品和挂衣服的设备，并采用了抗菌材料来优化厕所的卫生条件。精心设计的生态厕所实现了节水的环境需求、方便实用的社会需求和产出肥料的经济需求的有效结合。这个彰显可持续发展理念的设计也获得了 2018 中国工业设计协会颁发的"扶贫爱心奖"。

可持续发展是兼顾经济、社会和环境维度的综合概念。可持续设计秉承了综合、集成的视野，以系统的眼光改善设计方案的功能性和经济性的同时，也兼顾设计作品的人文和审美价值。胜因院是抗战胜利后清华大学修建的教师住宅园区，于 1947 年竣工。园区内包含了林徽因等建筑大师设计的作品，先后有多位知名教授在此居住（姚雅欣 等，2010）。随着时间的推移，园区建筑和设施逐渐老化，老旧的园区面临局部内涝、排水设施老旧等问题。2010 年，清华大学的刘海龙教授带领团队，经过半年多的研究，按照海绵城市理念设计了雨水花园，解决了小区的内涝问题，并重新改造了相应的景观，彰显出胜因院的历史意义和建造者的人文情怀（景观中国，2021）。在"工程伦理"课上简单介绍了胜因院的历史和雨水花园的设计理念后，笔者和学生一起走出教室，到胜因院实地观察，并给学生布置了下面的练习作业。

❋ **练习 7-4　实地走访胜因院雨水花园**

（1）思考：胜因院的来源、空间功能、花园设计与其他因素的匹配情况。

（2）观察相关设计，拍照上传微信群（可以附一句话评语）。

学生在实地走访中，除了观察雨水花园的排水、生态保护等功能性设计，还注意到无障碍坡道、太阳能路灯等体现出可及性和可持续性的设计细节。

7.3　小结

在坚守公众安全、健康等伦理底线的同时，工程师还可以通过职业实践主动实现伦理价值观。设计活动是工程师实践伦理价值的重要手段。很多影响深远的价值观选择常常"隐藏"在看似客观中立的设计决策背后。引导学生"解码"设计的价值属性、了解和探索价值观驱动的设计理念，有助于升级未来工程师践行伦理价值观的"工具箱"。

参考文献

[1] CESCHIN F, GAZIULUSOY I. Evolution of design for sustainability: From product design to design for system innovations and transitions[J]. Design studies, 2016, 47:

118-163.

[2] CONNELL B R, JONES M L, MACE R L, et al. The Principles of Universal Design, Version 2.0[R]. Raleigh: Center for Universal Design, North Carolina State University, 1997.

[3] ELGADDAL N, KRAMAROW E A, WEEKS J D, et al. Arthritis in Adults Age 18 and Older: United States, 2022[R]. NCHS Data Brief, 497. Hyattsville: National Center for Health Statistics, 2024.

[4] GENCO N, JOHNSON D, HÖLTTÄ-OTTO K, et al. A study of the effectiveness of empathic experience design as a creativity technique[C]. Washington: International Design Engineering Technical Conferences and Computers and Information in Engineering Conference, 2011.

[5] Interaction Design Foundation. What is User Centered Design(UCD)?[EB/OL]. [2025-02-14]. https://www.interaction-design.org/literature/topics/user-centered-design#:~:text=User%2Dcentered%20design%20(UCD),and%20accessible%20products%20for%20them.

[6] MCCLUSKEY M. Chuck Schumer Totally Predicted the Tide Pod Phenomenon Way Back in 2012[EB/OL]. (2018-01-19)[2025-03-19]. https://time.com/5110606/chuck-schumer-tide-pod-challenge/.

[7] SMITH, KORYDON H. Universal design handbook[M]. 2nd ed. New York: McGraw Hill, 2011.

[8] 北京设计之都核心区. 生态厕所的创新实践[EB/OL]. (2020-06-04)[2025-03-19]. https://www.bjcityofdesign.com/article.php?id=782.

[9] 景观中国. 国内最早一批雨水花园：清华大学胜因院雨水花园[EB/OL]. (2021-04-07)[2025-03-19]. http://www.landscape.cn/article/67175.html.

[10] 民政部. 2023年民政事业发展统计公报[R]. 北京：民政部，2024.

[11] 澎湃新闻. 步入"中度老龄化"社会意味着什么[EB/OL]. (2024-09-04)[2025-03-19]. https://www.thepaper.cn/newsdetail_forward_28628857.

[12] 姚雅欣，董兵. 清华园名人故居胜因院[EB/OL]. (2010-06-29)[2025-03-29]. https://www.tsinghua.org.cn/info/1952/17659.htm.

[13] 余悦. 官方致歉！深圳一地公共座椅被批缺乏人情味[EB/OL]. (2023-05-21)[2025-03-29]. https://www.oeeee.com/html/202305/21/1372062.html.

第 8 章
跨越疆域

引言：慈善厨房的访谈

几年前，在一个关于工程师社会责任的论坛结束之后，一位执教于得克萨斯州知名大学工业工程系的教师（M 教授）在聊天时分享了她记忆犹新的一幕。为了锻炼学生运用工程知识服务社会需求的能力，M 教授在她主讲的一门关于流程优化的课上组织学生到当地的一家慈善厨房（soup kitchen）调研。美国的很多城市都有类似的慈善厨房，为低收入者和需要帮助的人提供免费的食品和生活必需品。很多慈善厨房的运营都依赖捐赠和志愿者的服务。M 教授给学生布置的任务是：观察和研究慈善厨房的运营并提出优化流程的方案。学生们实地探访慈善厨房之后拟定了具体的调研方案。结合课上学到的调研方法，学生们计划访谈慈善厨房的最终用户——来慈善厨房领取食物的人。当 M 教授批阅学生设计的访谈提纲时，几个"刺眼"的问题让她坐立不安：

How poor are you?（你有多穷？）

How long have you been poor?（你处于贫穷多长时间了？）

Why do you think you are poor?（你觉得你为什么穷？）

调研慈善厨房的初衷是运用工程知识服务低收入人群。学生在制订调研方案时，也尝试运用了课上学到的"从用户出发"的设计理念。然而，他们起草的访谈问题，若非教师的及时发现和纠正，可能会严重冒犯和伤害前来慈善厨房领取食物的用户。这个例子凸显出学生在不同文化情境之间进行知识的迁移和运用时出现的两个疏漏。第一，学生在设计访谈提纲时参考了其他学科常用的访谈问题，却没有根据慈善厨房的具体情境做必要的调整。例如，医生在诊断被长期疼痛困扰的病人时，习惯让病人报告疼痛的程度、时长，以及可能的诱因。学生在套用这些访谈问题时，忽略了在医疗和慈善两种不同情境下各个角色之间关系上的重要区别。在医疗的语境中，疼痛是一种中性的现象，并不反映对患者本人的评价，而在慈善的语境中，施助者和受助者之间的关系更加敏感与微妙，尤其需要避免在二者之间造成不对等的感觉。直接将用户归类为"穷人"并进行询问，会使对方感到被贬低和否认。第二，学生们的本意是服务（而非冒犯）慈善厨房的用户，然而，他们没能充分预见到访谈问题可能给对方带来的伤害。这种失误显示出，就读于知名大学的学生所成长的社会、经济和文化环境，与慈善厨房的用户所处的环境截然不同，这些大学生对他们要服务的用户的生活经历和情感需求缺乏了解和共情。

作为应对和解决全球性挑战的重要力量，工程师经常在跨越语言、文化和国别疆域的条件下工作。为促进人类社会的共同进步，工程实力更加雄厚的国家、地区和组织也有义务通过跨域的工程实践来满足更大范围内的人、社会和生态系统的生存与发展需求。慈善厨房的故事提醒我们，跨越疆域的工程实践会带来特有的伦理挑战。工程伦理教学有必要帮助年轻的工程师为可能遭遇的跨界挑战做好准备。

8.1 跨越疆域的责任

8.1.1 工程服务的需求

工程师影响和塑造着全球的未来。在 2023 年世界工程师大会的致辞中，联合国秘书长安东尼奥·古特雷斯列举了濒临失控的气候危机、全球范围贫困和不平等的扩大、联合国可持续发展目标推进迟缓等全球工程师共同面临的严峻挑战。在致辞的结尾，古特雷斯提醒参会的工程师："'为了生命的工程'不仅仅是一个（会议）主题，而是我们共同的使命。"（Guterres, 2023）。

在教学中，笔者通过 1 个课堂练习和 1 组数据来展现全球发展的不平衡。

❋ 练习8-1　全球可持续发展挑战

查看17个联合国可持续发展目标，思考："在你的日常生活中，哪些可持续发展目标尚未实现？"

在课堂讨论中，学生提及较多的目标包括良好的健康与福祉（目标3）、优质教育（目标4）、体面的工作和经济增长（目标8）。针对目标3，学生从日常生活体验出发，认为在实现健康与福祉方面仍显不足的是公众的精神健康。针对目标4，有学生注意到，自己所享受的（清华的）教育资源还不能充分地提供给社会上大多数青年。同时，作为在读大学生，所面临的求职和就业压力让他们觉得，距离目标8的实现还有一定差距。对比学生对自身生活的观察和评估，笔者用另一组数据来展示全球可持续发展所面临的迫切挑战：

每天有约1000名儿童死于不洁水源和恶劣卫生条件所引发的各种疾病；

7.83亿人生活在饥饿中；

22亿人缺乏安全的饮用水；

35亿人没有安全的厕所设施（Action Against Hunger, 2025; UNICEF, 2025; World Health Organization, 2024）。

这些数据提醒学生，世界上还有大批人口的基本生存需求没有得到满足。要培养服务人类命运共同体的卓越工程师，尤为关键的是使他们"看见"那些被主流产业所忽视的需求。借用慈善家Paul Polak的话："全世界大多数设计者投入了所有力量去为世界上最富裕的百分之十的消费者开发产品和服务；要服务其他百分之九十的人口，我们需要一场设计的革命。"（Polak, 2009）

8.1.2　工程师的行动

面对世界范围内迫切的生存和发展需求，工程师共同体已经行动起来，运用自身的专业知识和技能服务那些生存环境恶劣、支付能力有限的群体。1982年，法国工程师发起成立了名为"工程师无国界"（Ingénieurs Sans

Frontières)的志愿组织（Ingénieurs sans frontières, 2025）。经过 40 多年的发展，工程师无国界（Engineers Without Borders, EWB）已经在全球 41 个国家和地区建立了分支机构（Engineers Without Borders International, 2025）。一大批工程师利用业余时间到拉丁美洲、东南亚、非洲等地区开展能源、饮用水、医疗设备、信息技术等方面的工程志愿服务。曾与笔者共事的两位工科的学者甚至放弃了高校教师的工作，全职投入工程援助事业。

Greg Rulifson 从加州大学伯克利分校获得土木与环境工程学士学位和"全球贫困与实践"辅修证书，又从斯坦福大学获得结构工程与风险分析硕士学位后，前往科罗拉多大学攻读土木工程博士学位，在读博期间还完成了该校"工程服务社区发展"证书项目的学习。通过"工程服务社区发展"项目，Rulifson 与志愿者组织合作，在印度尼西亚开展房屋重建工作。博士毕业后，Rulifson 受聘科罗拉多矿业大学助理教授职位，讲授"工程与社区可持续发展"等课程，并担任学校"工程师无国界"分部的导师。为了更多的时间和精力开展海外工程志愿服务，Rulifson 辞去矿业大学的教职并加入了美国国际开发署（USAID），利用自己在结构工程和国际发展等领域的跨学科专业知识，在全球 5 个洲的 7 个国家开展结构工程设计，帮助当地居民抵御地震和海啸等自然灾害对建筑造成的风险（CSPO, 2025）。

Greg Bixler 从俄亥俄州立大学机械工程专业毕业后，在俄亥俄州哥伦布市的巴特尔研究所（Battelle）担任工程师。2006 年，在中亚地区旅行时，Bixler 发现，当地居民在经济和技术条件非常受限的情况下，创造性地运用手头的资源和工具来满足生存需求。回到哥伦布市后，Bixler 开始组织巴特尔研究所中志同道合的工程师和技术人员，一起运用自身的专业特长解决世界各地的人道主义需求。在积累了一些成功经验后，Bixler 询问自己在非洲的合作伙伴，有哪些"大问题"尚待解决。他得到的答复是：水泵。非洲很多地区缺乏清洁水源，许多村庄里的水泵缺乏耐久性，常常不到几个月就坏掉；由于市面上水泵的零部件价格昂贵、更换和安装程序复杂，很多村庄即便通过援助安上了水泵，也往往难以长期供水。了解问题后，Bixler 和同事们开始设计耐用、适合乡村地区的水泵。他们的最终产品（起名 LifePump）

比同类产品取水深，并且具有更好的耐久性。为了推广 LifePump，Bixler 发起成立了非营利组织 Design Outreach，试图通过技术和商业模式的创新改变那些处于边缘地位的低收入社区的面貌。2018 年，已经在俄亥俄州立大学任教的 Bixler 辞去教职，全职投入 Design Outreach 的运营当中。

不少身在高校的工科学者也通过课程、学生社团、项目式学习等方式，引导学生运用工程知识和技能服务弱势群体与欠发达地区。1995 年，美国普渡大学工学院的 3 名教师 Edward Coyle、Leah Jamieson 和 William Oakes 带领学生创立了"社区服务中的工程项目"（Engineering Projects in Community Service，EPICS）。EPICS 的宗旨是让学生通过"设计、建造和部署真实工程系统来帮助各地的社区和教育组织解决需求"（Purdue University, 2025）。EPICS 的项目涵盖人力服务、可及性和能力建设、教育扩散和环境保护 4 个领域。在上述每个领域中，EPICS 的成员都与美国国内或海外的社区组织建立了长期的合作伙伴关系。由学生组成的项目团队与当地社区的合作伙伴共同协商、挖掘和提炼社区的需求，形成工程项目的选题，再运用团队的多学科知识和技能来设计与实现解决方案（Purdue University, 2025）。不少参加过 EPICS 的学生在毕业后到其他高校工作时，把 EPICS 的理念和做法带到了新的学校。时至今日，EPICS 已经从普渡大学拓展到美国境内外的十几所高校，成为工程教育界的一场"运动"。2005 年，因为"通过创立和推广 EPICS 项目革新了未来工程领袖的培养方式"，Coyle、Jamison 和 Oakes 3 位教授被美国工程院授予工程教育的最高奖"戈登奖"（National Academy of Engineering, 2025）。

利用工程专业知识和技能服务社区需求并非欧美发达国家的专利。世界各地的高校、志愿者组织和工程师职业协会创建了大量基于本国或当地的社区需求，组织工科学生或职业工程师开展工程志愿服务的项目。南非比勒陀利亚大学（University of Pretoria）的工学院在本科生培养方案中将"服务型学习"列为必修模块，要求所有工科学生参加至少 40 个学时、面向真实世界问题解决的工程项目。比勒陀利亚大学先后与荷兰的 University of Radboud、美国麻省理工学院及我国的四川大学、香港理工大学等高校合作，组成跨国工程团队，开展服务南非社会需求的公益性工程项目（Jordaan et al., 2019）。

8.2　跨域的挑战

跨越文化、语言或国别界限开展工程实践时，工程师要面对因为不同习俗、思维方式和价值观的碰撞所带来的伦理挑战。常用的工程伦理教材中列举了一些跨国工程所面临的挑战，包括处理宾主国之间在法律法规和工程标准上的差异，理解不同文化中客户的要求和预期，维护工程团队与当地居民的关系等（Van De Poel et al., 2011）。此外，来自不同文化背景的工程师在工作中如何体现对当地合作伙伴和利益相关者的理解与尊重，在合作中保持谦逊，及时反省自身立场的局限性，也是跨文化语境下开展工程实践的重要考量。美国学者 Dean Nieusma 和 Donna Riley 提醒发达国家的工科学生，在开展海外工程志愿服务时避免以"施舍者"自居，而应该对提供学习机会的当地社区保持敬畏和感激（Nieusma et al., 2010）。

工程志愿服务的核心目标应该是满足服务对象的切实需要，不能罔顾当地的实际情况，一味地追求志愿者主观意愿的实现。如果偏离了服务对象的实际需求，即使投入大量资源，也可能事与愿违、浪费资源，也徒增服务对象的不便。肯尼亚的图尔卡纳湖地区是非洲最贫困的地区之一。1971年，挪威政府出资 2200 万美元，在图尔卡纳湖地区援建一座鱼处理厂。资助方的初衷是，利用图尔卡纳湖丰富的渔业资源，通过工厂来带动捕鱼和鱼肉加工业，以便创造就业、增加当地居民的收入。然而，项目的规划者错估了当地的实际情况。虽然身处湖区，但图尔卡纳人世代游牧为生，没有捕鱼和吃鱼的习惯，鱼肉在当地没有销路，只能冷藏之后运到外地。处理和冷藏鱼肉需要消耗大量淡水和电能，而当地能源基础设施落后，发电成本很高，且缺乏淡水。因此，鱼处理厂在建成后一直处于闲置状态。由于缺乏对当地情况的调研和了解，高额的援助最终沦为错位的善意（Owonikoko, 2021）。

表面上看，图尔卡纳湖的案例体现出项目规划的技术失误。然而项目的失败更深层的原因可能是缺乏对不同文化的尊重。据图尔卡纳湖当地的政府官员反映，挪威政府的援建项目完全按照"自上而下"的思路开展，在项目的规划和建设过程中没有咨询当地居民，也没有调查当地人对渔业的看法（Cocks, 2006）。作为提供援助的一方，凭借自身在工程技术和资源上的优势，以"居高临下"的姿态开展工程，最终失败的例子屡见不鲜。自2007年起，世界银行筹集了大量资金，试图帮助坦桑尼亚解决缺水问题。然而，根据2015年的调查，大约29%的供水点不能正常工作，其中有20%的供水点在建成后一年之内就已经"罢工"（Joseph et al., 2019）。

与那些自我中心主义的态度不同，我国传统思想强调，对不同的习俗应当虚心学习，不要先入为主。《论语》中记载："子入太庙，每事问。或曰：'孰谓鄹人之子知礼乎？入太庙，每事问。'子闻之，曰：'是礼也。'"（杨伯峻，2023）。作为礼学知识的大家，孔子对于太庙中的各种礼仪和规程，并没有倚仗已有的知识去揣测，而是事无巨细地询问、学习。有人误以为孔子对太庙的礼仪一无所知，而孔子答复说，这种凡事虚心询问学习的态度才是真正的"礼"。孔子的行动所阐释的"礼"的精神，在跨文化的工程实践中也值得继承和发扬。

有效开展跨国工程实践，需要对东道国的语言、历史和文化有一定的了解，更需要尊重、学习和理解服务对象的生活方式与思考方式。在开展跨越疆域的工程志愿服务时，还需要对相关的工程知识进行扩充和修正。为了帮助工科学生为参与跨越文化和国别的工程实践做好知识、方法和经验上的储备，一些工程教育者在总结实践经验的基础上，开发了相应的课程、教材和学位项目。俄亥俄州立大学电气工程系的Kevin Passino教授长期开设"人道主义工程"（Humanitarian Engineering）的研究生课。通过社会正义、社区发展、极端条件下设计和开发、可持续设计、社会公益创业等主题的介绍，这门课引导学生运用工程手段解决贫困、发展不足等问题，推动社会正义的实现（Passino, 2021）。Passino教授撰写的同名教材《人道主义工程》也以电子书的形式在网上免费分享。科罗拉多矿业大学的"人道主义工程与科学"交叉学科硕士项目提供机会让学生与社区合作伙伴共同定义工程问题，并探索可持续的解决方案（Colorado School of Mines, 2025）。科罗拉多大学的"全球工程"证书项目为学生开设了"全球发展工程师""全球发展实践""人道主义援助导论"等通识性课程以及"水源、排污与卫生""全球南方家庭能源系统""灾害风险访谈""社区评估"等面向具体工程服务领域的专题性和方法性课程。

在清华大学的本科"工程伦理"课上，笔者在介绍全球工程志愿服务开展情况和相关的教育资源之后，向学生布置了一个"工程志愿服务社会实践申请"的课堂练习。近年来，清华大学的学生成立了许多社会实践支队，利用假期对国内外的社会和产业发展情况开展调研或参与专业实践。这些实践活动大致包括3种类型：①参观调研，了解实践场域（企业或社会组织）的运作和发展情况；②专业实践，即参与一个单位或企业具体的业务中，运用所学知识解决实际问题；③志愿服务（如支教）。实践支队的组织形式提供了学生与社会近距离接触的渠道。作为学校国际化战略的一部分，还有一批海外实践支队得到了学校的支持，到国外进行调研或专业实践。鉴于很多国外高校的工程志愿服务项目也借助了学生的假期在校外或国外进行工程项目的实施，"工程志愿服务社会实践申请"的练习（练习8-2）试图鼓励学生探索将社会实践与工程志愿服务结合的可能性。

❄ 练习8-2　工程志愿服务社会实践申请

设计一个为期4周的工程志愿服务社会实践项目，可以适当借助网络查询相关信息，考虑下列因素。

目的地（国内外皆可，考虑如何通过"工程服务"来满足当地需求）：

活动内容（怎样根据时长、当地条件、队员知识储备等因素来确定合适的工程服务目标）：

拟联系的当地组织：

实践队员的招募标准：

行动前准备（为了有效地开展工程服务，需要队员在技术、文化、社交能力等方面接受哪些培训）：

8.3　小结

　　工程实践的本质是跨界的，大部分工程师的服务对象不是工程共同体自身，而是不同职业、不同地域的用户；工程的全球化趋势进一步凸显了工程服务的提供者和接受者在国别、文化、思考方式等方面的区别。然而，校园里的工科生多数时候接触的是同校、同专业的教师和同年级、同班的同学。履行职业工程师的社会责任要求工科生为识别、协调和满足不同文化背景中的用户需求做好准备，而相对趋同的校园环境使得学生很难体会多元的用户需求、复杂的博弈过程，以及迥然不同的制度和价值体系对工程活动的深刻影响。工程志愿服务为年轻工程师切身体验社会需求，在真实环境中识别和解决工程问题提供了有益的学习机会。

　　创建适当和有效的工程志愿服务学习环境对教师提出了相当高的要求：与相关社区和组织建立互信互利的伙伴关系；妥善协调"学习"和"服务"之间的关系；引导学生以尊重、谦逊和学习的态度参与社区合作；帮助学生在价值观、沟通能力、社会知识和经验等各方面做好积累。同时，有效的工程志愿服务学习需要工程伦理教师和学校的学生工作部门以及工科院系密切合作，结合服务社会的意愿和适当的工程方法，为学生"通过工程实践伦理"提供有力的支持和保障。

参考文献

[1] Action Against Hunger. World Hunger Facts [EB/OL]. [2025-02-14]. https://www.actionagainsthunger.org/the-hunger-crisis/world-hunger-facts/.

[2] COCKS T. Kenya's Turkana learns from failed fish project[EB/OL]. (2006-04-04)[2025-03-29]. https://www.ibtimes.com/kenyas-turkana-learns-failed-fish-project-194573.

[3] Colorado School of Mines. About the program: What is Humanitarian Engineering and Science?[EB/OL]. [2025-02-14]. https://humanitarian.mines.edu/mshes/.

[4] CSPO. CSPO People-Greg Rulifson[EB/OL]. [2025-02-14]. https://cspo.org/people/greg-rulifson/.

[5] Engineers Without Borders International. Countries Recognised Engineers Without

Borders [EB/OL]. [2025-02-14]. https://www.ewb-international.org/countries/.

[6] GUTERRES A. Secretary-General's video message to the World Engineers' Convention[EB/OL]. (2023-10-11)[2025-03-29]. https://www.un.org/sg/en/content/sg/statement/2023-10-11/secretary-generals-video-message-the-world-engineers-convention-%C2%A0.

[7] Ingénieurs Sans Frontières. ISF in a nutshell[EB/OL]. [2025-02-14]. https://www.isf-france.org/en/isf-nutshell.

[8] JORDAAN M, ZHANG H, LIU L, et al. Short-term international service-learning: Engineering students' reflections on their learning experiences[C]. Cape Town: Research in Engineering Education Symposium, 2019.

[9] JOSEPH G, ANDRES L A, CHELLARAJ G, et al. Why Do So Many Water Points Fail in Tanzania? An Empirical Analysis of Contributing Factors[R]. Washington: World Bank Group, 2019.

[10] National Academy of Engineering. Bernard M. Gordon Prize for Innovation in Engineering and Technology Education[EB/OL]. [2025-03-29]. https://www.nae.edu/55293/GordonWinners?id=55293.

[11] NIEUSMA D, RILEY D. Designs on development: engineering, globalization, and social justice[J]. Engineering Studies, 2010, 2(1): 29-59.

[12] OWONIKOKO O. Why International Development Projects Fail in Africa and What We Can Do Differently[EB/OL]. [2021-07-22]. https://wacsi.org/why-international-development-projects-fail-in-africa/.

[13] PASSINO K. ECE 5050: Humanitarian Engineering[EB/OL].(2021-03-01)[2025-03-29]. https://ece.osu.edu/sites/default/files/2021-03/Syllasbu_5050.pdf.

[14] POLAK P. Out of Poverty: What Works When Traditional Approaches Fail[M]. Oakland: Berrett-Koehler Publishers, 2009.

[15] Purdue University. EPICS Overview[EB/OL]. [2025-02-14]. https://engineering.purdue.edu/EPICS/about.

[16] UNICEF. Water, sanitation and hygiene(WASH)[EB/OL]. [2025-02-14]. https://www.unicef.org/water-sanitation-and-hygiene-wash.

[17] VAN DE POEL I, ROYAKKERS L. Ethics, Technology, and Engineering: An Introduction[M]. Oxford: Blackwell Publishing, 2011.

[18] World Health Organization. Newborn mortality[EB/OL]. (2024-03-14)[2025-03-29]. https://www.who.int/news-room/fact-sheets/detail/newborn-mortality.

[19] 杨伯峻. 论语译注[M]. 北京：中华书局, 2023.

第 9 章
伦理领导力

引言：伦理领导力教学的两次尝试

本章的内容源于笔者两次课程教学的尝试。在俄亥俄州立大学工程教育系工作时，笔者受该校土木工程系 3 位青年教师的邀请，为选修"研究生职业发展"课的土木工程系硕博士研究生设计和讲授了伦理领导力的教学模块。由于土木工程师经常参与影响公众安全和可持续发展的公共基础设施的设计与建造，美国很多的土木工程师岗位要求从业者拥有注册职业工程师（PE）的执照。按照工程师注册制度的要求，申请人在获得执照前和持有执照期间都需要定期参加职业伦理培训。从制度要求的角度来看，在研究生的职业发展课中融入工程伦理并不令人意外。然而，教授"研究生职业发展"课的 3 位土木工程系的教师并不满足于仅仅介绍职业工程师的伦理规范。他们注意到，很多俄亥俄州立大学土木工程系的硕士生毕业不久就成为工程团队的领导（team leader），而博士毕业生则有较大概率进入高校领导研究团队（research leader）。这些领导角色意味着，毕业生不仅要成为恪守伦理原则的职业工程师，还要具备影响和塑造团队伦理文化的领导力。于是，位于学校希区柯克大楼四楼的土木工程学者们向二楼从事工程伦理教育的同事发出了合作邀约。

笔者的第二次伦理领导力教学发生在清华大学创新领军工程博士的"工程伦理"课上。创新领军工程博士项目招收在工程领域具有丰富经验的非全日制博士生，很多在读学生已经是行业中重要的研发带头人或管理者。在加入"工程伦理"课程的初期，笔者了解到，一位创新领军工程博士生受"工程伦理"课的启发，建议在当地的工程专业技术资格评审中增加"职业伦理道德"的考核并得到采纳。这个消息使笔者意识到，创新领军工程博士生的职业身份使他们有机会以领导者的角色推动团队、企业或职业共同体的伦理建设。因此，笔者为创新领军工程博士的"工程伦理"课设计了伦理领导力的单元。

迄今为止，笔者的伦理领导力教学都在研究生课程中开展，原因是，研究生有更多的机会在工程技术研发或工程职业实践中感受或发挥伦理领导力。本章所讨论的内容尚未在笔者开设的本科"工程伦理"课中讲授。本章简述伦理领导力教学对工程伦理教育的意义，介绍有关伦理领导力概念和作用的研究发现，展示工程职业共同体中凸显伦理领导力的实际案例，并分享有助于培养工科学生伦理领导力的教学活动。

9.1 开展伦理领导力教学的动机

对职业伦理问题的讨论经常会归结到上级意图、奖惩制度、政策导向等"结构性因素"，似乎工程师个人的价值观和职业操守在这些强大的"结构"面前无能为力。本书采取辩证的态度看待影响工程伦理决策的结构性因素。一方面，工程伦理教学应当引导学生认识和理解那些超越个体层次的结构性因素；对结构性因素的分析有助于拓宽学生的视野，也能在一定程度上防范不切实际的个人英雄主义，避免通过简单生硬的理想视角来理解和介入复杂的社会现实。另一方面，承认结构性因素的存在并不等于认可那些宣称个人选择无关紧要的虚无主义观点，更不是以结构性因素为借口推卸个体的伦理责任。相反，工程伦理教学有必要帮助学生理解工程师和结构性因素之间如何相互影响、相互塑造。工程师可以在相当广泛的领域中担任领导角色，领导工程团队、大型建设项目，或引领对新兴技术的投资、研发、应用和维护。作为领导者的工程师所担负的伦理责任超越了《伦理守则》对个体工程师的要求和约束。因此，伦理领导力的教学可以从两方面拓宽学生对工程师伦理责任的理解：①领导者除了自己恪守伦理准则，还可以通过自身的示范效应和领导行为提升组织的伦理水准；②作为领导者的工程师可以通过制定政策、调度资源和提出倡议等方式改变原有的结构性因素，营造更加鼓励伦理行为的组织氛围。

9.2 伦理领导力的定义和作用

9.2.1 什么是伦理领导力

伦理领导力指的是领导者通过自身行动、人际沟通和领导决策在组织中示范伦理行为和营造崇尚伦理的文化氛围的能力（Brown et al., 2005）。相关的学术研究突出了伦理领导力的两个维度：①伦理型领导者所具备的品质；②伦理型领导者所展现的领导（管理）行为。伦理型领导者自身的品格对他人具有感召和示范作用。此外，伦理型领导者还通过制定政策、沟通、做出奖惩决策等方式影响和塑造组织的伦理氛围（Ko et al., 2018）。

1. 伦理型领导者的品格

领导者的作用一般体现在帮助组织确定目标和愿景，并通过有效的方式激励和保障组织成员为实现共同的目标与愿景而努力（Silva, 2016）。在率领组织确立和实现目标的过程中，不同风格的领导者会采用截然不同的方法：有人用"威逼利诱"的方式提供高强度的正负向激励；有人通过说服和拉拢来获取下属的支持；有人重视有效的任务分配，力争人尽其才；有人通过自身的言行举止为组织成员提供示范。伦理型领导者的身上常常展现出值得信赖、尊敬他人等令下属愿意效仿的品格。具体来说，伦理型领导者往往具有责任心强、平易近人和情绪稳定等性格特征，这些性格特征使他们在工作中谨慎、言行一致、为他人着想，因而更容易得到下属的拥护和追随（Brown et al., 2006; Den Hartog, 2015）。除性格因素之外，领导者自身的伦理素养，尤其是开展伦理分析和伦理推理的能力，也会影响下属的伦理观念和伦理行为。研究显示，当领导者的道德发展水平高于下属时，伦理领导力的作用能够得到最大限度的彰显（Den Hartog, 2015）。此外，领导者对自身道德水准的重视程度，也会通过影响领导决策和影响下属观感等渠道发挥伦理领导力的作用（Mayer et al., 2012）。

2. 伦理型领导行为

除了领导者的个人品格，伦理领导力还受领导者的工作方式和领导行为的影响。相关研究总结了 4 种有利于提升组织中伦理领导力的领导行为和决策：①诚实公道，关心员工利益，不搞"小圈子"；②明确表达对组织中各个角色的期望，设立清晰的伦理规范，及时奖掖遵守伦理规范的行为；③决策透明，倾听不同意见，与下属分享权力；④关心可持续发展和社会需求等超越组织局部利益的公共议题（Brown et al., 2005; De Hoogh et al., 2008; Eisenbeiss et al., 2014）。

9.2.2 伦理领导力的作用

很多伦理型领导者期望把自身所珍视的价值观和伦理原则传递给下属或注入组织的文化中，形成志同道合的集体。除了推进文化和价值观层面的共识，伦理领导力还能为员工和组织带来一系列积极影响。研究发现，伦理领导力和员工的工作态度、工作动机、幸福感和工作表现呈现正相关关系（Den Hartog, 2015）。伦理型领导者所展现的关心他人、"先人后己"的工作态度使员工更容易感受到来自领导层的支持和尊重，进而提升对领导者的信任度、对工作环境的满意度和对工作的幸福感。具体来说，伦理领导力有助于提高下属对领导有效性和满意度的感知，减少工作中的悲观情绪和人际冲突（Brown et al., 2005; Den Hartog et al., 2009）。

另外，伦理领导力还通过影响组织的伦理规范、伦理氛围和决策风格等方式激发员工的奉献精神，减少违规行为（Avey et al., 2011）。Mayer 等还指出，伦理领导力可以在组织中形成"涓滴效应"：具备伦理领导力的高管会对中层管理者产生示范效应，使后者在对待基层员工时展现出更强的伦理领导力（Mayer et al., 2009）。

9.3 工程职业共同体中的伦理领导力

本书使用"领导力"而非"领导"的概念，是因为领导力的发挥并不完全依赖传统意义上的领导职务。无论是否担任领导职务，工程师都有机会通过自身的努力影响职业共同体的伦理标准或塑造工程组织的伦理文化，彰显工程师的伦理领导力。第 5 章提到的 Stephen H. Unger 教授通过工程师职业协会持续宣传工程伦理理念，推动职业伦理规范的制度化；我国工程院院士钱易教授多年坚持授课，向大学生传递可持续发展的工程观；清华大学化学工程系赵劲松教授积极推动中国化工学会通过《工程伦理守则》、组织开展工程伦理师资培训和交流，这些例子都是工程师伦理领导力的具体体现。

除了制度建设，工程师的伦理领导力还体现在服务社会需求的工程实践中。美国里海大学首任负责"创造性探究"的副教务长 Khanjan Mehta 创立了"山顶倡议"（Mountaintop Initiative），鼓励师生与校外的合作伙伴共同探索服务社会的创造性方案。不同于工程中常见的"从问题出发"的思考方式，Mehta 教授鼓励学生"从梦想出发"（start with your dreams）。在山顶倡议的支持下，怀着"儿童不再因为营养不良而错失成长机会"梦想的 NewTrition 团队研制出富含维生素和微量元素的"超级蛋糕"（super cakes），并通过实践探索出一个向塞拉利昂的儿童提供营养餐的可持续商业模式（Leigh University, 2025）。另一位伦理型领导者 Kimberly Bryant 毕业于范德比尔特大学电气工程专业，她把注意力投向了和自己一样在美国工程界处于少数的黑人女性。2010 年，Bryant 的女儿在参加一个计算机程序设计的夏令营时，发现自己是营员中唯一的黑人女生。这个发现让已为人母的 Bryant 意识到，年轻一代的黑人女孩仍然面临工程和技术教育资源稀缺的挑战。为了引导更多黑人女孩通过计算机技术的学习获得学业和职业发展机会，Bryant 创立了名为"黑人女孩写代码"（Black Girls Code, BGC）的公益组织，面向 7~17 岁的非裔美国女孩开展计算机编程、机器人、网页设计和 App 开发的教学。BGC 得到硅谷地区很多计算机专业人员的支持，他们自愿为训练营设计教学内容并承担教学工作。Bryant 追随自身价值观创立的组织，成为许多志同道合的技术人员实现自身价值追求的平台，彰显出工程师作为"平台建筑师"的伦理领导力。

伦理领导力为组织和员工带来正面影响的同时，组织中伦理领导力的缺失也可能导致危机。第 6 章介绍了大众柴油车"舞弊门"丑闻背后的组织文化因素。在大众集团试图修补"舞弊门"带来的负面影响时，由于伦理领导力的缺失，遭遇了又一次公关"滑铁卢"。2015 年，Matthias Müller 出任大众集团 CEO，肩负起重塑大众集团形象的重任。作为大众的掌门人，Müller 在公众面前的表现却不尽人意。2016 年，在底特律举行的北美国际车展上，Müller 就大众柴油车安装舞弊软件一事进行公开道歉，却将错误归咎于"技术问题"。当美国国家公共广播的记者追问："你说这是一个技术问题，但是美国民众觉得这不是技术问题，而是公司内部深层的伦理问题。你如何改变美国民众的这种看法？"时，Müller 回答："说实话，这是一个技术问题。我们犯了一个错误，我们对美国法律进行了不正确的解读。我们为我们的技术工程师设定了一些目标，然后他们通过一些与美国法律不相容的软件方案解决了问题，实现了既定目标。就是这样。你提到的另一个问题——这是一个伦理问题？我不明白你为什么这么说。"（Glinton, 2016）。Müller 的表态激起了公众强烈的不满。压力之下，大众集团不得不安排一次专访，让 Müller 更正自己的不当表态。

9.4 伦理领导力的教学

9.3 节所列举的正面和负面的案例试图说明，伦理领导力的培养对于工程师在更高层次、更广阔的舞台上践行伦理责任、推动工程实践与伦理价值的融合至关重要。需要指出的是，当前学术界对伦理领导力的研究主要集中在对相关概念的辨析和测量，以及对伦理领导力效果的分析上，对于如何有效培养伦理领导力、如何促进工科学生的伦理领导力发展等问题的研究仍然有限（Tang et al., 2019）。本节介绍笔者讲授的课程和主持的教师领导力工作坊中使用的练习，供读者参考。

9.4.1 工程伦理守则撰写

第 5 章介绍的工程伦理守则撰写和分析的练习（练习 5-2）也可以用于伦理领导力的教学，引导学生从领导力的角度思考组织的伦理制度和文化建设。该练习通过小组的写作任务模拟了制度出台的一个重要的特点：制度文本往往是不同方面相互协商的结果。

9.4.2 伦理领导力案例写作

在俄亥俄州立大学土木工程系"研究生职业发展"课上，关于伦理领导力的作业要求学生撰写和展示一个体现伦理领导力的案例。伦理案例的写作有助于实现多个学习目标。首先，自主选择案例的题材锻炼了学生从复杂现实中识别和提炼伦理问题的能力，"锐化"了学生的伦理意识。同时，编写用于伦理分析的案例要求学生复盘和梳理相关事实中不同利益相关方之间的复杂关系。最后，伦理案例的写作让学生体验到"伦理教育者"的角色和责任，而开展伦理教育的能力是伦理领导力重要的组成部分。

❂ **练习 9-1 伦理领导力案例撰写和展示**

在你感兴趣的领域（如学术界、工业界）撰写 1 个展示伦理领导力实践或伦理领导力缺乏的案例。向你的同学、老师和其他评委展示这个案例以及你对案例的分析。这个练习包括下列 3 个步骤。

（1）**研究**：选择 1 个突出伦理领导力需求的现象、事件或故事。查找有关事件的背景、利益相关者和产生的影响。

（2）**写作**：以你的研究为基础，撰写 1 个案例，有效表达关键信息和涉及伦理领导力的问题。作为口头报告的基础，在案例的结尾，为案例的分析准备一些讨论问题。案例写作应包括适当的参考文献。

（3）**展示**：在 15 分钟的口头报告中，介绍你的案例，并展示你对案例的分析（你可以选择让听众参与分析讨论）。在展示结束后，与听众进行 5 分钟的问答互动。

9.4.3 写作领导力宣言

在求职、竞选等活动中，候选人可以通过领导力宣言进行自我介绍和宣传。领导力宣言的写作也为作者凝练和反思自身的目标和价值观提供了机会。撰写领导力宣言并定期对照宣言回顾和思考自身的成长，可以作为培养学生伦理领导力的方式之一。

❋ **练习 9-2　领导力宣言**

写一篇你的领导力宣言（300 字左右），包括下列要素：

（1）你的领导力愿景或目标（作为一个领导者，你期待为你的客户/同事/服务的组织带来什么）；

（2）你的核心价值观（指引你的行为和决策的核心原则）；

（3）你的工作方式（你用什么方式发挥领导力/创造价值）。

9.5　小结

卓越工程师不仅是工程技术创新的领军者，也是引领工程职业共同体实践社会伦理责任、推动"科技向善"的中坚力量。向工科学生开展伦理领导力教学，目的是激励他们发现和展望工程师在社会技术创新中发挥伦理领导力的可能性，引导他们将伦理领导力的培养融入自身的学业和职业发展规划中，从而开启未来伦理型领导者的成长之路。

参考文献

[1] AVEY J B, PALANSKI M E, WALUMBWA FO. When leadership goes unnoticed: The moderating role of follower self-esteem on the relationship between ethical leadership and follower behavior[J]. Journal of business ethics, 2011, 98: 573-582.

[2] BROWN M E, TREVIÑO L K. Ethical leadership: A review and future directions[J]. The leadership quarterly, 2006, 17(6): 595-616.

[3] BROWN M E, TREVIÑO L K, HARRISON D A. Ethical leadership: A social learning

perspective for construct development and testing[J]. Organizational behavior and human decision processes, 2005, 97(2): 117-134.

[4] DEN HARTOG D N. Ethical leadership[J]. Annual Review of Organizational Psychology and Organizational Behavior, 2015, 2(1): 409-434.

[5] DEN HARTOG D N, DE HOOGH A H. Empowering behaviour and leader fairness and integrity: Studying perceptions of ethical leader behaviour from a levels-of-analysis perspective[J]. European journal of work and organizational psychology, 2009, 18(2): 199-230.

[6] DE HOOGH A H, DEN HARTOG D N. Ethical and despotic leadership, relationships with leader's social responsibility, top management team effectiveness and subordinates' optimism: A multi-method study[J]. The leadership quarterly, 2008, 19(3): 297-311.

[7] EISENBEISS S A, BRODBECK F. Ethical and unethical leadership: A cross-cultural and cross-sectoral analysis[J]. Journal of Business Ethics, 2014, 122: 343-359.

[8] GLINTON S. 'We Didn't Lie, ' Volkswagen CEO Says Of Emissions Scandal[EB/OL]. (2016-01-11)[2025-03-29]. https://www.npr.org/sections/thetwo-way/2016/01/11/462682378/we-didnt-lie-volkswagen-ceo-says-of-emissions-scandal.

[9] KO C, MA J, BARTNIK R, et al. Ethical leadership: An integrative review and future research agenda[J]. Ethics & Behavior, 2018, 28(2): 104-132.

[10] Leigh University. Our Solution[EB/OL]. [2025-02-20]. https://wordpress.lehigh.edu/newtrition/our-solution/.

[11] MAYER D M, KUENZI M, GREENBAUM R, et al. How low does ethical leadership flow? Test of a trickle-down model[J]. Organizational behavior and human decision processes, 2009, 108(1): 1-13.

[12] MAYER D M, AQUINO K, GREENBAUM R L, et al. Who displays ethical leadership, and why does it matter? An examination of antecedents and consequences of ethical leadership[J]. Academy of management journal, 2012, 55(1): 151-171.

[13] SILVA A. What is leadership?[J]. Journal of business studies quarterly, 2016, 8(1): 1-5.

[14] TANG X, BURRIS L E, HU N, et al. Preparing ethical leaders in engineering research and practice: Designing an ethical leadership module[C]. Tampa: ASEE Annual Conference & Exposition, 2019.

后记

在《功利主义》的开篇，约翰·斯图亚特·密尔写道："在构成当前人类知识的各个领域中，鲜有如我们在面对关于是非标准的争议时那样出人意料地束手无策、对核心议题的思考徘徊不前的情况。"[①] 作为"19 世纪英语世界里最具影响力的哲学家"（出自《斯坦福哲学百科全书》），密尔的话佐证了伦理学之难。不夸张地说，试图引领年轻学子开展伦理思考的教师肩负着难上加难的任务。

关于工程伦理教育的目的、方法和成效一直存在争议，然而笔者对工程伦理教育的价值和必要性具有充沛的信心，这种信心主要源自教学中对学生的观察。很多大学生对思辨抱有本真的好奇和热情，十分乐于参与对伦理问题的思辨和讨论。相当一部分理工科学生非常关心他们正在学习和即将从事的工程技术实践背后的价值观问题。在课堂上不乏这样的年轻人，他们对工程技术创新的伦理意义的关注不亚于对实现创新所需的技术方法的关注。过去的几年中，笔者在"工程伦理"课上讨论到美德伦理时，都会问学生，"做个（有美德的）好人可能很麻烦，甚至有高昂的代价，我们是否有必要争取做个好人"？这个问题每一次都得到学生肯定的回答。他们的理由是：第一，做好人会使社会整体变得更好；第二，他们更愿意生活在一个人们愿意做好

[①] 原文："There are few circumstances among those which make up the present condition of human knowledge, more unlike what might have been expected, or more significant of the backward state in which speculation on the most important subjects still lingers, than the little progress which has been made in the decision of the controversy respecting the criterion of right and wrong."

人的社会里。本书的写作，得益于过去几年在"工程伦理"课上与各位同学共同度过的切磋琢磨的时光。

2019年暑期，受清华大学雷毅教授的邀请，笔者在清华大学开设了为期一周的海外通识课程，这是笔者第一次在国内开展工程伦理教学。在旁听课程的全国各地工程伦理教师的激励下，课程从单纯的讲授变成了关于工程伦理教学的研讨。这次宝贵的经历启发了笔者进一步从教学设计的角度思考工程伦理教学。

2020年，笔者有幸到清华大学工作，也加入了学校的工程伦理课程教学团队，得到李正风教授、雷毅教授、张佐教授、赵劲松教授、李森教授和李平教授等许多专家的悉心指导。李正风教授欣然为本书作序。清华大学国家卓越工程师学院的李鹏辉副院长、李丽娜老师、欧阳紫秋老师、郑琦老师等同事为笔者开设的工程硕士和工程博士"工程伦理"课程提供了无微不至的支持。清华大学教育学院的各位同事对本书的写作提供了持续的支持和鼓励。本书的顺利完成离不开清华大学出版社刘杨编辑高质量的工作。本书的出版得到了清华大学研究生教育教学改革项目和清华大学国家卓越工程师学院课程建设经费的资助。在此一并致谢！

唐潇风

2025年2月